DELIUS KLASING

LINDSEY PHILPOTT

Die Welt der Knoten

Delius Klasing Verlag

Bibliografische Information Der Deutschen Bibliothek

Die Deutsche Bibliothek verzeichnet diese Publikation in der

Deutschen Nationalbibliografie; detaillierte bibliografische

Daten sind im Internet über »http://dnb.ddb.de« abrufbar.

1. Auflage

ISBN 3-7688-1603-6

Die Rechte für die deutsche Ausgabe liegen beim Verlag

Delius, Klasing & Co. KG, Bielefeld

Übersetzung und deutsche Bearbeitung: Christian und Christiane Corssen

Layout: Robert Last, Gillian Black

Layout-Konzeption: Peter Bosman

Zeichnungen: Steven Felmore

Fotorecherche: Karla Kik, Tamlyn McGeean

Einbandgestaltung: Ekkehard Schonart

Printed in Singapore 2005

Delius Klasing Verlag, Siekerwall 21, D - 33602 Bielefeld

Tel.: 0521/559-0, Fax: 0521/559-115

E-Mail: info@delius-klasing.de

www.delius-klasing.de

Widmung des Autors

Dieses Buch konnte nur durch die aufopferungsvolle Arbeit von Sandra und den
Mitarbeitern des New Holland-Verlags erscheinen – herzlichen Dank euch allen!
Auch möchte ich Capt. J. Clarke für seine Mithilfe sowie den Mitgliedern der Pacific
American-Abteilung der *International Guild of Knot Tyers* (www.igktpab.org),
die mich sehr unterstützt und ermutigt haben, meinen Dank aussprechen.
Ich widme dieses Buch meine Eltern, meiner Familie und meinen Freunden –
euch allen ganz vielen Dank!

Inhalt

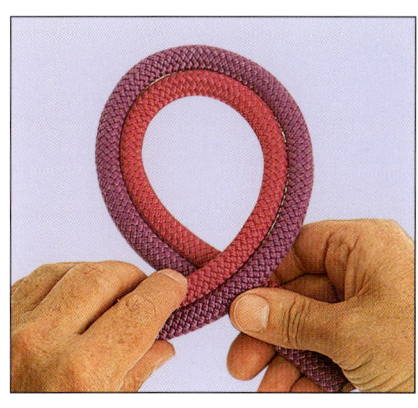

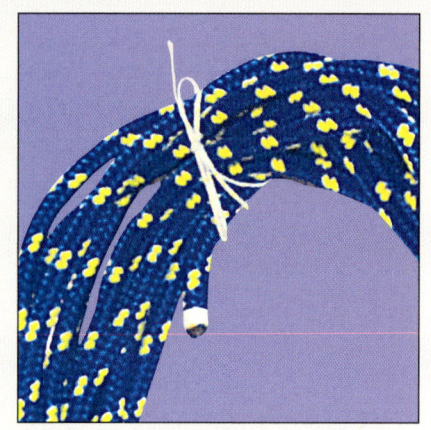

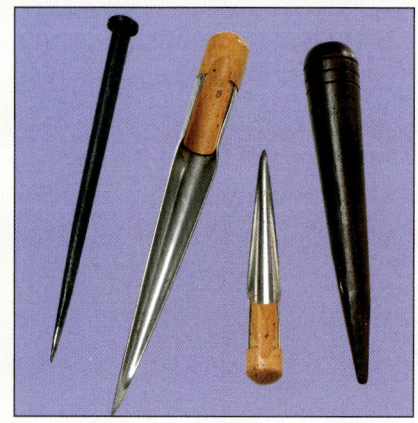

Tauwerk

Werkzeuge und Begriffe

Dieses Kapitel bietet einen kurzen Überblick über die lange Geschichte des Knotens. Es folgt eine Beschreibung der vielfältigen Arten von Tauwerk und Gurtmaterial, ihre unterschiedlichen Herstellungsarten, wie man Tauwerk aufschießt und pflegt, einiger Werkzeuge zum Knoten und Spleißen und eine kurze Erklärung der gebrauchten Begriffe. Was du auch über das Knoten wissen möchtest, ob es eine schnellere Art gibt, deinen Lieblingsknoten zu machen, oder ob du zum ersten Mal einen knüpfen willst, diese Zusammenstellung wird dir helfen, einen Weg durch den Wirrwarr zu finden und geschmeidige Seilführungen und Knoten ohne Kinken zu machen, die das leisten, was du erwartest.

Einführung

Lucetta: *So müsst Ihr Euch der Locken ganz berauben?*

Julia: *Nein, Kind; ich flechte sie in seidne Schnüre mit seltsam künstlich*
treuen Liebesknoten.

(Shakespeare, Die beiden Veroneser. Übersetzung von Dorothea Tieck)

Nach einer Untersuchung des Archäologen J. Wymer sind 380 000 Jahre alte Knoten nachgewiesen. Wir nehmen an, dass einige der frühesten Knoten Felle oder Dachstroh an den Pfosten einer Hüttensiedlung von Terra Amata bei Nizza in Frankreich gehalten haben. Aus diesen bescheidenen Anfängen hat sich die Knotenkunst weiterentwickelt; sie wurde durch neue Materialen und Erfindungen immer komplexer.

Ob du nun eher einfache Werkzeuge benutzt oder aber modernen Freiluftsport betreibst, bei dem du deine Skier oder sonstige Ausrüstung auf das Autodach binden willst, eines Tages wirst du fast unausweichlich in ein Seil oder ein Gurtband einen Knoten machen müssen. Für den Fall hoffe ich, dass dieses Buch dir weiterhelfen kann, aber die Frage, welchen Knoten du genau wählen sollst, stellt sich in jeder Situation neu. Wenn du hier eine Antwort findest, wirst du überzeugt sein, dass Knoten nicht nur zum Zubinden von Luftballons an einem Kindergeburtstag dienen, sondern auch für das reine Vergnügen sorgen, Schnüre in brauchbares Gerät oder dekorative Formen zu verwandeln.

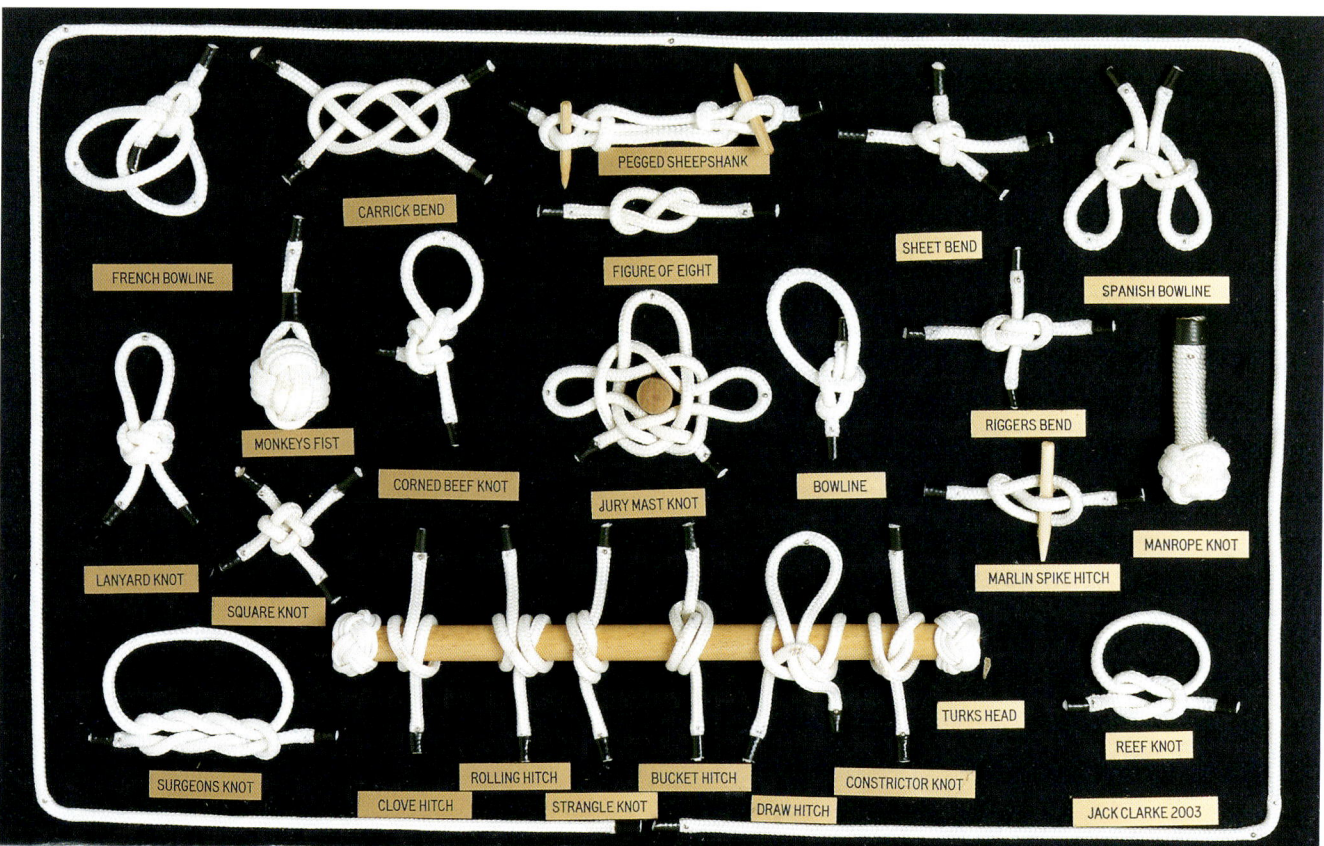

Von Könnern hergestellte Knotenbretter wie dieses sind sehr dekorativ und beliebte Sammlerstücke.

Zum Gebrauch dieses Buches

Dieses Buch ist in aufeinander folgende Kapitel gegliedert, aber auch wenn du in der Mitte oder am Ende des Textes nach einer Information suchst, wird dieses Buch dir das bieten, was du brauchst. Verwandte Knoten sind in einem Kapitel zusammengefasst und bauen auf vorher Beschriebenem auf. Hier sind einige Hilfen, die dir dienen, die Darstellungsweise für jeden Knoten zu verstehen.

- Eine Einführung beschreibt die Geschichte oder die Herkunft des Knotens. Hier werden auch andere Namen für den Knoten aufgeführt und Bezüge zu Knoten, auf die aufgebaut wird oder die interessante Vergleiche bieten, hergestellt.

- Im gesamten Buch wird der Durchmesser eines Seils oder einer Leine mit »d« abgekürzt.

- Piktogramme in der oberen Ecke jeder Seite empfehlen das mögliche Einsatzgebiet jedes Knotens. Das heißt nicht, dass andere Verwendungen ausgeschlossen sind.

 Segeln   Camping und Freiluftsport

 Klettern   Angeln und Fischen

 Schmuckknoten   Haushalt, allgemeiner Gebrauch

- Die Fotos auf jeder Seite illustrieren die Hauptschritte beim Knoten. Folge den Abbildungen und lies den Begleittext, um das Bestmögliche zu erreichen.

- Wenn du diese Knoten beim Klettern oder anderen gefährlichen Aktivitäten anwendest, bedenke, dass du das auf eigenes Risiko tust. Die Anweisungen in diesem Buch ersetzen nicht die qualifizierte Ausbildung durch einen Lehrer.

- Manchmal geben wir nach dem Schritt-für-Schritt-Text noch Tipps für die Sicherheit. Zu deiner eigenen Sicherheit beachte diese Tipps sorgfältig!

- Der »Tipps«-Kasten enthält Hinweise, die das Vorgehen erleichtern oder besser merkbar machen, für weitere Anwendungen und gelegentlich für andere Wege, den Knoten zu machen.

- Im ganzen Buch stellen wir die Bewegungsabläufe für Rechtshänder dar. Bist du Linkshänder, benutze einfach deine linke, wo es Anweisungen für die rechte Hand gibt. Du kannst dieses Buch auch vor einen Spiegel halten, sodass du den Text direkt lesen kannst und die Fotos im Spiegel das Vorgehen für die linke Hand zeigen.

- Für den Fall, dass man mit den benutzten Begriffen noch nicht vertraut ist, ist als Hilfe am Ende des Buches ein Glossar angefügt.

Herkunft, Geschichte und Verwendung

Die Menschen mussten seit jeher Dinge verbinden und zusammenlaschen. Diese Verbindungen müssen durch Knoten gesichert werden. Wie kam es also zu den Knoten?

Der Faustkeil, ein geformter Stein, der in der Hand gehalten wird, war das wichtigste Schneidwerkzeug im mittleren und späten Pleistozän (vor 1,8 Millionen bis vor 11 000 Jahren). Weil der Keil in der Hand gehalten wurde, war kein Laschen erforderlich.

Das Knoten und Laschen wurde wahrscheinlich zuerst durch den *Homo erectus* (von vor 1,2 Millionen bis vor 400 000 Jahren) angewendet, um zusammengesetzte Werkzeuge und transportable Unterkünfte herzustellen. Diese Techniken und Werkzeuge wurden durch den *Homo neanderthalensis* (vor 200 000 Jahren) weiter entwickelt. Auch wurden sie verfeinert durch das Jagen mit der Bola in Afrika und Asien. Das waren größere Steine, die zusammengebunden nach laufenden Tieren geworfen wurden, um diese zu Fall zu bringen, und Überreste davon wurden an Siedlungsorten gefunden, die mindestens 500 000 Jahre alt sind.

Knoten als Werkzeuge hatten jedoch keine lange Lebensdauer, erst aus der Zeit nach der letzten Eiszeit, als der frühe Mensch heutigen Typs, der *Homo sapiens*, sich vor 10 000 bis 8000 Jahren dem Ackerbau zuwandte, gibt es Zeugnisse. Es wurden zwar keine Spuren der Seile selbst gefunden, die längst verrottet sind, es gibt aber Nachweise für ihren Gebrauch.

Der größere Hebelarm der Stielaxt wurde gebraucht, um Bäume zu fällen und um für den Hausbau und das Errichten von Zäunen Pfosten zuzuhauen, die dann zusammengebunden wurden. Zusammengebundene Balken schützten vor der Kälte, dienten dem Bau von Flechtzäunen und wurden gebraucht, um Haustiere am Weglaufen zu hindern.

Ledersteifen wurden schon in der Altsteinzeit (vor 2 Millionen Jahren) benutzt, um haltbare Verbindungen und sichere Befestigungen herzustellen. Durch die Entwicklung des Rades in der späteren Bronzezeit (vor etwa 3500 Jahren) erhielt deren Gebrauch einen weiteren Aufschwung. Verknotete Lederstreifen dienten als flexible Verbindungen an den Karren und Streitwagen. Ohne sie hätten die festen Verbindungen des Holzes zu vielen zerbrochenen Karren auf den holprigen Straßen und Wegen geführt.

Das Knoten erweiterte die Möglichkeiten für die Herstellung von Werkzeugen und ermöglichte auch, Häute für Zelte, einfache Kleidung und Schuhe zusammenzuhalten. Fertigkeiten wie das Fischen und das Weben entwickelten das Knoten weiter und erhöhten den Bedarf an festen und doch geschmeidigen Materialen, die mit Knoten zusammengefügt werden konnten.

Das Aufkommen einfacher Boote von der Alt- bis zur Jungsteinzeit (vor 2 Millionen bis vor 10 000 Jahren) war besonders bedeutsam für die Entwicklung der Seilherstellung. Küstennahe und später auch Übersee-Fahrten wurden mit Fellbooten gemacht; dazu wurden Tierhäute über hölzerne Gestelle gezogen. Das Zusammennähen mit Sehnen und Lederstreifen sowie das Zusammenlaschen mit Zedernrinde wurde eine eigene Kunst. Im großen Zeitalter der Segelschiffe von 1600 bis 1900 n.Chr. verbreitete und vereinheitlichte sich die Praxis des Knotens in der ganzen Welt.

Um die Haltbarkeitsdauer zu erhöhen musste Leder durch andere, wasserfeste Materialien ersetzt werden. Neue Fasern und neue Verarbeitungsweisen bekannter Fasern führten zu neuen Methoden, Knoten in glattes Tauwerk zu machen. Die Entwicklung von Schiffen mit Masten und Segeln (wie das Corracle, ein Rundboot, oder das irische Curragh) machte für die Takelagen stehendes Gut notwendig, das stark war und der Abnutzung auf längeren Reisen standhielt.

Segeltrimm und Segeleinstellung machten unterschiedliche Tauwerksmaterialien und Knoten erforderlich, die im laufenden Gut haltbar sind. Heute werden auf Hightech-Rennyachten immer neue Materialien und Knotentechniken entwickelt.

Mit dem zunehmenden Gebrauch von Knoten kam die Forderung nach neuen flexiblen Materialien, die in Bezug auf Dehnbarkeit und Last das Gleiche oder Besseres leisteten konnten als die alten. Die Grenzen von Pflanzenfasern, Tiersehnen, Lederstreifen und anderem seilähnlichen, halb-flexiblen Material machten verbesserte Fasern notwendig.

Verdrillte Bündel langer Pflanzenfasern schienen besser zusammenzuhalten und stärker zu sein als glatte, einfache Stränge. Diese Technik verbesserte die Haltbarkeit, die Flexibilität und es war möglich, längere Seile herzustellen, als es sonst mit Naturfasern möglich war. Das Reepschlagen war geboren.

Baumwolle, Seide, Hanf, Sisal, Manila, Kokosfasern und andere Naturprodukte waren die ersten Fasern zur Herstellung von Seilen. In geringerem Maß wurden auch Haare von Menschen und Tieren für den praktischen Gebrauch und für dekorative Arbeiten benutzt, aber bei allen Materialien war das Verfahren, dünne Fasern zusammenzudrehen, kennzeichnend.

Die Weiterentwicklung des Tauwerks in den vergangenen etwa eineinhalb Jahrhunderten, von der Erfindung des Stahltauwerks in der Mitte des 19. und des Nylons zu Beginn des 20. Jahrhunderts, hat die Kunst und das Handwerk des Knotens entscheidend beeinflusst.

Sowohl Rennyachten (vorn) als auch Fahrtenyachten (hinten) benutzen heute Hightech-Tauwerk.

In den letzten dreißig Jahren haben neue Entwicklungen monofile Leinen hervorgebracht, deren mögliche Länge fast unbegrenzt ist: Neuartige Herstellungstechniken haben die Haltekraft erhöht, das Vorerhitzen und Vorrecken haben die Dehnfestigkeit der modernen Superfasern, die haltbarer als Stahl sind, in jeder vorkommenden Stärke verbessert.

Ganz abgesehen von der Funktionalität haben Knoten auch zum Schmuck von Stein, Holz, Metall und Glas in Kirchen, öffentlichen Gebäuden und Familienwappen beigetragen. Keltische Knotenarbeiten gehören zu den Zierformen, die zum Schmuck von Büchern, Steinkreuzen, Juwelen, Schwertgriffen und Lederarbeiten dienen. Dazu kommen das koreanische *Maedup,* die chinesischen Zierknoten, das japanische *Hanamusubi* und eine Vielzahl neuer Schmucktechniken und -formen. Die Knotenschnüre der Inka, die *Quipus,* sind zwar nicht so dekorativ, sie trugen aber dazu bei, durch Kommunikation und historische Überlieferung eine große Nation zusammenzuhalten.

Die Kniffligkeit der Knoten fasziniert gleichermaßen Naturwissenschaftler und kleine Kinder: Aus unterschiedlichen Gründen erfreuen sie sich an Knoten mit malerischen Namen und vielfältigen Formen – man denke an den Türkenbund, die Affenfaust und die Henkerschlinge. Mathematiker schätzen die Möglichkeiten, die Geometrie und Form mathematischer Knoten in Raum und Zeit und die Stringtheorie zu untersuchen. Kinder wollen wissen, wie man die Knoten macht. Sie haben wenig oder gar keine Furcht vor den Schwierigkeiten und sehen die Verschlingungen als etwas, was sie selbst beherrschen und benutzen wollen.

Die forensische Untersuchung von Knoten hilft dem Kriminalisten, mehr über die Umstände eines Verbrechens an der Art der Verschnürung zu erkennen. Wer Knoten forensisch untersucht, wird durch Vergleiche mit früheren Verhaltensmerkmalen, der Fingerfertigkeit von Tätern und manchmal auch deren Schnelligkeit oder Hast zu Erkenntnissen kommen. Die Information kann den Kriminologen wichtige Schlüsse zu Ermittlung von Tätern liefern.

Knoten können in der Chirurgie oder bei Rettungsdiensten Leben retten. Knoten haben auch ihren Platz in der Luftfahrt (Verbindung von Steuerseilen), im Bauwesen (Verbindung von Gerüsten), in der Seefahrt, beim Segeln und Fischen, beim Zelten und Klettern, in Dekoration und Mode (Makramée), in der Elektroinstallation (Ziehen von Kabeln), im Hoch- und Tiefbau (Brücken und Kräne), bei Pferdegeschirren, Peitschen und beim Lassowerfen, beim Buchbinden und bei künstlerischen Handarbeiten, in der Höhlenforschung, beim Modellschiffbau und bei Saiteninstrumenten, um nur einige Gebiete zu nennen.

Arten von Leinen, Tauwerk & Bändern

Seile haben sich von Naturfasern, von Lianen und Gräsern, zu künstlich hergestellten und hitzebehandelten Produkten der Petrochemie entwickelt. Zum Tauwerk gehören heute auch Sorten wie geschlagene Drahttaue mit flachen Seiten für Aufzüge, ummanteltes geflochtenes Fasertauwerk, das sehr widerstandfähig gegen Abrieb ist, starkes Rucken aufnehmen kann und sich gut fürs Hochgebirgsklettern eignet, Bänder aus Stahl oder Kunststoff, die Ver-

Weiße, rechts geschlagene Nylon-Leine mit 3 Kardeelen

Stranggepresste, monofile Nylon-Leine

6-Kardeel-Drahttauwerk mit Drahtkern (6x19 IWRC), hier mit freigelegtem Kern

Geflochtenes Nylontauwerk aus 8 Kardeelen

Einfach geflochtene Polypropylen-Leine aus 8 Kardeelen

16-fach doppelt geflochtener Polyester-Mantel auf 16-fach geflochtenem Kern, hier mit freigelegtem Kern

12-fach geflochtene urethanummantelte Spectra-Leine, bekannt als Spectron 12 der Firma Samson Ropes

24-fach geflochtener Polyester-Mantel über 16-fach geflochtenem Polypropylen-/Spectra-Kern, bekannt als Samson's XLS Extra, hier mit freigelegtem Kern

8-fach geflochtener, hitzebehandelter Polypropylen-Mantel über parallelem 5-kardeeligem Faserkern

4-kardeelige links geschlagene Hanfleine

3-kardeelige rechts geschlagene verdrillte Sisalfaser-Leine

Rote, weiße und blaue Polypropylen-Schnüre um ein 3-kardeeliges Roblon-Tau gewickelt, das mit UV-beständigem Material beschichtet ist

Gewebtes Gurtband aus Nylon

packungen zusammenhalten, und Geflechte aus stranggepressten monofilen Schnüren, die besonders langlebig sind und sich für die Fischerei eignen. Hier sind einige Tauwerksarten, die heute benutzt werden.

- Monofile Leinen erfordern stranggepresste Kunststoffe, um ein einheitlich dickes Material zu erreichen, das biegsam, leicht und fertig aufgeschossen ist, um als Fischereileine zu dienen; es kann mehrere Kilometer lang sein ohne gespleißt oder geknotet zu sein! Spezielle monofile Leinen sind spitz zulaufende und eingefärbte Angelschnüre zum Fliegenfischen – diese Schnüre sind leicht und für den Fisch fast unsichtbar. Monofile Fasern sind auch das Grundmaterial für komplexes mehrfaseriges Tauwerk. Zum Stahldraht-Tauwerk gehört auch vorgebogener Draht, der zu Kardeelen und Tauen geschlagen ist. Dieser Draht wird jedoch durch ein Zieheisen gezogen und nicht gepresst.

- Geschlagene Naturfasern führen zu einem einheitlichen und biegsamen Material, das ständig und preiswert angefertigt werden kann und doch das Gefühl für die Herkunftspflanze erhält. Das Schlagen der Fasern lässt sie in den einzelnen Kardeelen fast parallel verlaufen, sie schmiegen sich an die menschliche Hand an und erhöhen die Grifffestigkeit an der Leine. Geschlagenes Tauwerk ist vermutlich neben dem Hebel die älteste heute noch genutzte Form eines Werkzeuges.

- Geflochtenes Tauwerk ist aus mehreren Komponenten zusammengesetzt, das wurde durch Kunststofffasern möglich, die in beliebiger Länge aus zwei oder mehr Verflechtungsarten hergestellt werden. Diese Teile wirken zusammen und ergeben ein abriebfestes Material, das auch starkem Zug, Dehnung und Verwindung widersteht.

- Geschlagenes Draht-Tauwerk ist biegsam (wenn es viele Lagen hat) und abriebfest (mit weniger Lagen dickeren Drahtes) für den dauernden Gebrauch als Steuerseil in Flugzeugen, in der Raumfahrt und sogar in normalen Aufzügen oder dem Skilift im beliebten Winterurlaubsort.

- Bänder und Gurte aus Kunststoffen oder Stahl finden weiten Gebrauch beim Zusammenhalten eckiger und kubischer Verpackungen wie bei Kisten oder Paletten. Die Knoten und Befestigungen, um eckige Formen zu sichern, wurden zusammen mit dem neuen Material entwickelt.

Die heutige riesige Auswahl an Tauwerk und Bändern ist weit entfernt von den Tagen der Sehnen und Gräser, und dennoch tun sie nichts anderes, als den elementaren Kräften von Belastung und Biegung zu widerstehen, so wie Stahlplatten den Grundkräften von Druck und Abscherung standhalten.

Wie Tauwerk hergestellt wird – Aufbau

Die drei Grundtechniken, Tauwerk herzustellen, sind die Verflechtung von gesponnenem oder stranggepresstem Material, geschlagenen Faserbündeln und geflochtenen Fasern. Gurte werden in Kombination von Flechten und Weben erzeugt oder durch Ziehen zum Band gemacht. Die langen Fasern des Ursprungsmaterials bieten sich zum Verspinnen oder Verweben an, sodass lange Garne, Kardeele und Seile entstehen. Weil aber nicht alle Fasern die gleiche Länge haben, ist es erforderlich, unterschiedliche Spinn-, Schlag- und Webverfahren anzuwenden, damit die gewünschte Länge, Dehnbarkeit, Abriebfestigkeit, Flexibilität und die Möglichkeit, haltbare Knoten zu machen, erreicht wird.

Trotz des heute weit verbreiteten Gebrauchs von Kunstfasern wird einiges Tauwerk noch immer aus Naturfasern gemacht. Es fühlt sich besser an und ist handiger, wenn es auf Schiffen, im Garten oder in der Tierhaltung angewendet wird. Kombinationen der drei Herstellungsarten werden angewendet, um eine größere Vielfalt von Tauwerk zu erhalten, als jemals in der Vergangenheit möglich war.

Monofile Schnüre werden aus geschmolzenem Kunststoff hergestellt, der beim Abkühlen fest wird. Das Material wird durch einen Dorn oder eine Spinndüse gepresst, so entstehen feine Fäden, wie sie beispielsweise beim Angeln oder in der Chirurgie benutzt werden. Um eine gleichmäßige Stärke zu erlangen, muss die Produktionstemperatur genauestens eingehalten werden, und um ein Verbrennen zu vermeiden, darf die Produktionsgeschwindigkeit

nicht zu hoch sein. Da der so entstandene Strang sehr steif ist, muss er über Walzen laufen und durch Dehnen und Biegen flexibler gemacht werden.

Bei geschlagenen Tauwerk werden viele feine Fasern parallel gelegt und zu Garnen verdrillt. Die Garne werden in Gegenrichtung zu Kardeelen verdreht. Diese werden dann wiederum in Gegenrichtung zu einem Seil geschlagen. Das Resultat ist je nach Anforderung ein Tau im Z-Schlag (rechts geschlagen) oder S-Schlag (links geschlagen). Wenn man das Material auf diese Art verdrillt, bilden sich starke Verbindungen zwischen den einzelnen Fasern. Die Verdrillung und Gegenverdrillung helfen, ein »Aufdröseln« oder »Ausfransen« einer Leine zu verhindern.

Multifile Leinen werden hergestellt, indem man mehrere Dutzend sehr dünner Fasern zu einem Faden verdreht und diesen als Ausgangsmaterial für das Weben einer neuen Schnur benutzt. Geflochtenes Tauwerk entsteht, indem man mehrere parallele multifile Garne miteinander zu einer homogenen Leine verflicht; dabei wendet man eine Methode des abwechselnd Oben- und Untendurchgehens an, wie sie von »Maibaumtänzen« bekannt ist.

Einfach geflochtenes Tauwerk, solches mit geflochtenem Mantel auf geschlagenem Kern, mit geflochtenem Mantel auf geflochtenem Kern und mit geflochtenem Mantel auf Parallelfaserkern sind die vier Arten der Herstellung von Tauwerk für besondere Anforderungen. Einfach geflochtenes Tauwerk besteht nur aus einem geflochtenem Schlauch in der »Maibaumtanzart« ohne Kern. Es wird aus verhält-

Dreikardeeliges Tauwerk

Drei Kardeele zu einer Leine geschlagen

Kardeel behält Verdrillung

Garn aus verdrillten Fasern

Kardeel aus verdrillten Garnen

Tauwerk mit geflochtenem Mantel über verdrilltem Kern

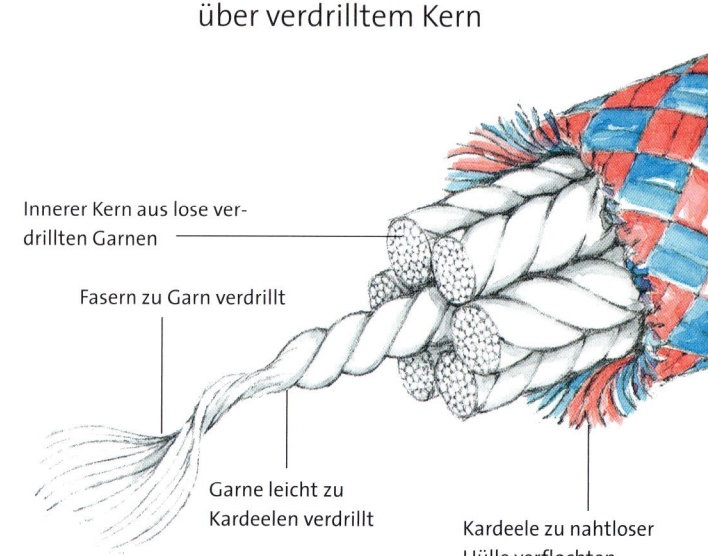

Innerer Kern aus lose verdrillten Garnen

Fasern zu Garn verdrillt

Garne leicht zu Kardeelen verdrillt

Kardeele zu nahtloser Hülle verflochten

und Materialien

nismäßig wenigen Garnen (8, 12 oder 16 Fäden) als schlauchartige Leine hergestellt. Beim Tauwerk mit geflochtenem Mantel auf geflochtenem Kern wird ein geflochtener Überzug oder Mantel über einen einfach geflochtenen Kern gewebt. Beim Tauwerk mit geflochtenem Mantel auf geschlagenem Kern wird ein geflochtener Schlauch über einen aus Kardeelen geschlagenen Kern gezogen. Tauwerk mit geflochtenem Mantel auf Parallelfaserkern hat einen Kern aus parallel verlaufenden Fasern, die mit Papier- oder Plastikband zusammen gehalten und von einem geflochtenen Mantel überzogen sind.

Die Herstellung von Seilen in der Mitte des 18. Jahrhunderts war ein arbeitsintensiver und zeitraubender Prozess, hier dargestellt auf einem Stich um 1760.

Die bekanntesten Naturfasern sind Seide (vom Seidenspinner Bombyx mori), Baumwolle (von der Baumwollpflanze Gossypium hirsutum), Sisal (von der Agave sisilana und Agave fourcroydes), Manila (aus Musa textilis), Kokosfasern (von der Cocos nucifera husk), Hanf (von der Cannabis sativa), Flachs (von der Linum usitatissimum) sowie Jute und Seegras.

Künstliche Fasern sind aus Kunststoffen oder Metall. Die Kunststoffe sind im Wesentlichen vier Polymere: Polyamide (PA-6 oder Nylon), Polyester (Terylen oder Dacron), Polyäthylen und Polyolefine (Polypropylen). Andere Kunststoffe stammen von Polymeren ab, wie Kevlar (aus Aramid), Polysteel (aus Copolymeren der Polystyrene und Polypropylene), wenig dehnbares Vectran (aus Flüssigkristall-Polymer), Spectra (aus Polyäthylen mit ultra-hohem Molekülgewicht) und Technora (ein weiteres Aramid, aber mit erhöhter Belastungsresistenz).

Gezogene Metalle, wie Eisen, Stahl, Niro, Kupfer, Bronze und Aluminium erfüllen unterschiedliche Anforderungen an Tauwerk. Die meisten Metall-Taue können nicht geknotet werden, weil sie zu steif sind. Sie sind hier aber mit aufgeführt, weil sie gespleißt oder mit Klemmen oder Pressungen verbunden werden können.

Eine frühe Maschine zur Herstellung von geschlagenem Tauwerk, die vor dem Ersten Weltkrieg (1911) und der Wirtschaftskrise in Iowa (USA) benutzt wurde, um preiswerte Seile aus Drähten und Fasern für Blitzableiter und landwirtlichen Gebrauch zu machen.

Pflege von Tauwerk

Wie die meisten Werkzeuge brauchen auch Leinen und Tauwerk (z. B. laufendes und stehendes Gut eines Segelfahrzeugs) eine besondere Wartung, Lagerung und sorgfältige Behandlung. Informationen über spezielle Maßnahmen kann man vom Hersteller bekommen. Im Allgemeinen verlängert man die Lebensdauer von Tauwerk aber schon beträchtlich, wenn man nur einige einfache Empfehlungen beachtet:

• Halte die Leinen sauber. Schmutzpartikel greifen das Tauwerk von innen her an und bilden eine unsichtbare Gefahr für Taue, die stark oder wechselhaft belastet werden. Betakle die Enden einer Leine, auch wenn sie verschweißt sind, vor dem Waschen, um zu verhindern, dass sie aufdröseln und wie das Ende eines Kuhschwanzes aussehen. Das bedeutet, dass mit Garn feste Windungen um das Ende einer Leine gemacht werden (s. Seite 146-150). Wasche die Leinen aufgeschossen in einem Waschbeutel mit wenig (mildem) oder ohne Waschmittel. Ich gebe einen kleinen Schuss Weichspüler in die Waschmaschine und erreiche damit, dass die Leinen sauber werden und weit über fünf Jahre jeder Belastung standhalten. Halte die Maschine im ersten Zyklus an und lass die Leine 25-30 Minuten einweichen, um das Waschergebnis zu verbessern. Ich schlage vor, die Leinen alle drei bis fünf Jahre, abhängig von der Verschmutzung, zu waschen.

• Trockne und staue die aufgeschossenen Bunsche nicht im Sonnenlicht, sondern an einem Ort mit guter Belüftung und schütze das Tauwerk dadurch vor Schimmel und Moder. Unter keinen Umständen dürfen Leinen zum Trocknen in den Wäschetrockner!

• Spüle sie gelegentlich. Das Spülen mit Frischwasser, nachdem sie beim Gebrauch (natürlich versehentlich) in Seewasser getaucht wurden, hilft sie sauber zu halten. Hänge sie wie oben beschrieben zum Trocknen auf. Wenn sie nicht mit Seewasser in Berührung gekommen sind, spüle sie je nach Gebrauch ungefähr alle sechs Monate mit sauberem Wasser aus.

• Stehendes Gut, das den Mast hält, ist aus Stahldraht und sollte ebenfalls hin und wieder gespült werden. Vor vielen Jahren trat ich einmal im Rigg auf ein Fußpferd aus Niro, das unter mir zerriss. Ich hatte nicht gewusst, dass Salzkorrosion an den Pressungen die Drähte durchgefressen hatte und zum Bruch führte. Einfaches Spülen hätte das Ansammeln von Salz und die Korrosion verhindert. Jetzt checke ich jedes Tau, bevor ich es gebrauche.

• Halte Ordnung! Schieße Leinen nach der Benutzung auf, damit sie für den nächsten Einsatz sofort klar sind. Kannst du sie nicht sofort aufschießen, lege sie zum vorübergehenden Fortlegen mehrfach doppelt zusammen, bis sie leichter richtig aufgeschossen werden können.

• Leinen niemals überlasten! Dynamische Kräfte treten auf, wenn die Belastung plötzlich erhöht wird, wie beim Fallen einer festgebundenen Last, auch aus geringer Höhe. Wenn du eine Leine dynamisch über ihre angegebene Tragfähigkeit belastest, überstreckst und schwächst du sie unrettbar. Stoßbelastungen schädigen alles Tauwerk und gefährden dich und dein Leben!

Leinen, die in Bunschen hängen, trocknen gut und sind für schnellen Gebrauch leicht zu finden.

Aufschießen, Tragen und Lagern

Leinen zu transportieren ist in aufgeschossenen Bunschen viel leichter als in wirren Haufen; sie sind auch besser einzusetzen, weil sie sofort bereit liegen. Der Alpine Bunsch ist seit etwa 100 Jahren in Gebrauch, eine bewährte Aufbewahrungsart und lässt sich beim Klettern sehr gut tragen.

Schieße Leinen nach ihrer Schlagrichtung auf: rechts geschlagene im Uhrzeigersinn, links geschlagene in Gegenrichtung. Geflochtene Leinen können in beiden Richtungen aufgeschossen werden, aber möglichst immer in derselben, da sonst Kinken und Verdrehungen entstehen, die Kern und Mantel beschädigen können.

Sichere die Bunsche durch Bändsel. Aufgeschossene Bunsche vertörnen sich weniger, wenn sie an drei Stellen mit Bändseln zusammengehalten werden. Schließe die Bändsel mit einem Slipstek oder einer Schuhschleife. Die Bändsel können dann bei Gebrauch der Leine schnell geöffnet werden. Benutze Draht, wenn du Drahttauwerk zusammenhalten willst. Wenn das Zusammenbinden unpraktisch ist, weil die Leine oft gebraucht wird, wende die auf den Fotos gezeigten Möglichkeiten an.

Wenn man häufiger Drahttauwerk benutzt, kann es nützlich sein, es nach den Angaben des Herstellers regelmäßig einzufetten. Fasertauwerk jedoch niemals fetten!

Halte Leinen von Chemikalien fern! Öle, Säuren, alkalische Lösungen, Petroleum oder andere Chemikalien schaden den Leinen; staue sie also getrennt voneinander. Lagere Leinenbunsche nicht in großer Hitze oder Kälte. Um Abrieb zu vermeiden, lege auch keine Metallwerkzeuge oder Geräte auf die Bunsche, wenn sie flach liegen, und stelle sicher, dass benachbarte Bunsche genug Luft haben.

Die Empfehlungen zum Lagern von Drahttauwerk gleichen denen für Faserleinen. Trockene und saubere Lagerung ist am besten möglich, wenn sie aufgehängt oder – bei Drahttauwerk – hingelegt werden. Lagere Draht- und Fasertauwerk getrennt, um mögliche gegenseitige Schädigung auszuschließen. Bändsel um die Schlingen jedes Bunsches sorgen für schnellen Zugriff, wenn die Leinen gebraucht werden.

Alpiner Bunsch

Bunsch mit Kopfschlag (links) und mit Bändseln gehaltener Bunsch (rechts)

Werkzeuge und Zubehör

Um dem Reepschläger und dem Takler die Arbeit zu erleichtern, wurden im Lauf der Zeit viele unterschiedliche Werkzeuge benutzt, besonders fürs Spleißen und Verweben von Tauwerk. Viele haben sich bis heute nur wenig verändert, einfach weil es keine Notwendigkeit für eine Verbesserung gab. Eines der einfachsten Werkzeuge ist der Marlspieker. Er wird benutzt, um bei geschlagenem Tauwerk die einzelnen Kardeele auseinander zu bringen oder um beim Spleißen von geflochtenem Tauwerk Mantel und Kern zu trennen.

Segelnadeln werden auch für Tauwerksarbeiten benutzt. Ihr dreieckiger Querschnitt macht einen glatten Durchstich durch geschlagene oder geflochtene Leinen und ermöglicht deshalb starke genähte Verbindungen. Ein Segelmacherhandschuh hilft, die Nadel durch Segel oder Tauwerk zu führen. Er liegt um die ganze Hand und hat eine Nadelführung aus Metall. Die Öse der Nähnadel passt dort hinein, die Nadel wird mit Zeigefinger und Daumen geführt, der Handschuh drückt sie durch die Leine oder das Gewebe und nutzt dabei die Kraft der Arme und nicht nur die der Finger.

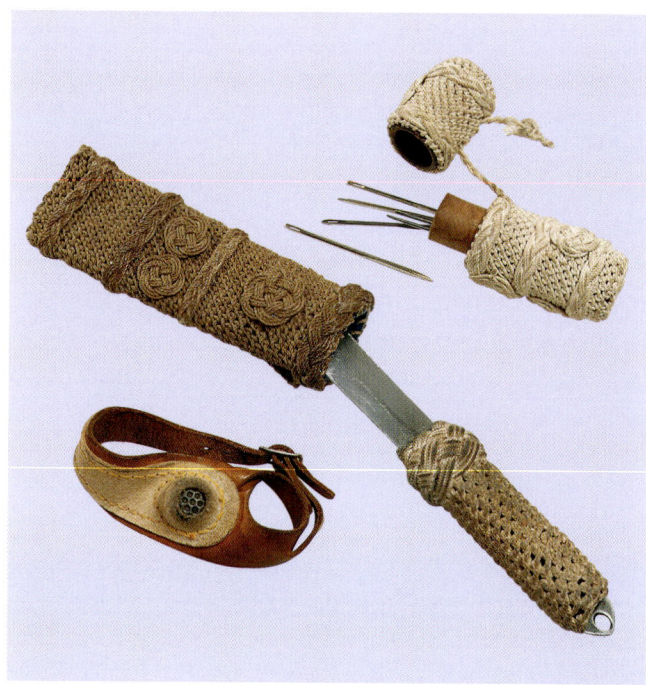

Von links nach rechts: Segelmacherhandschuh, Takelmesser und Nadelbüchse. Takelmesser und Nadelbüchse sind hübsch mit Augen-Zurrings und Türkenbund verziert, Techniken, die zu den seemännischen Zierknoten zählen.

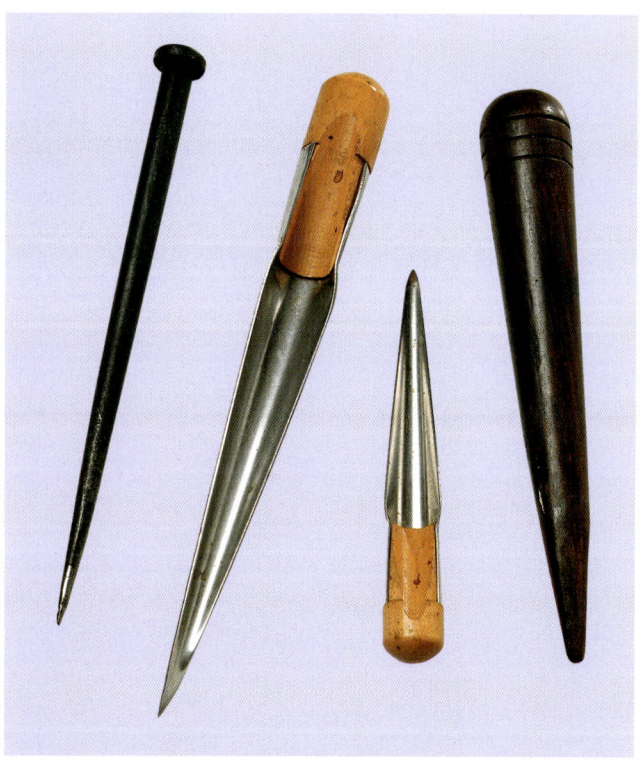

Von links nach rechts: Marlspieker aus Metall, großer und kleiner Schwedischer Marlspieker, hölzerner Marlspieker. Der linke Marlspieker dient zum Spleißen von Drahttauwerk, die anderen benutzt man zum Spleißen von Fasertauwerk und zum Öffnen von Knoten.

Zu den Werkzeugen gehört auch eine Maschine zum Verdrillen von billigen Fasern, wie sie im 1. Weltkrieg und der Depression in den USA von Bauern benutzt wurde, um für ihren Gebrauch Seile herzustellen, als Manila und Hanf knapp waren.

Spitzzangen helfen Angelknoten in monofilen Schnüren festzuziehen. Auch der Gebrauch von geraden oder gebogenen Arterienklemmen empfiehlt sich für den Blutknoten, die Affenfaust oder Ähnliche.

Netzspindeln (Schiffchen) helfen mit längeren Fäden zu arbeiten, wenn man Netze knüpft oder repariert. Sie haben einen ausgeschnittenen Teil, in dem man Netzgarn speichern kann. Sie sind auch hilfreich, wenn man Garn zum Aufbewahren von einem sich auflösenden Knäuel ordentlich abwickeln möchte.

Grundlegende Techniken für den Umgang mit Leinen

In diesem Buch beziehen wir uns auf die »lose/laufende Part« und die »feste/stehende« Part einer Leine. Die lose Part ist das Arbeitsende, der Teil, der beim Knoten durchgesteckt wird. Die feste Part ist der feste Teil der Leine zwischen dem Knoten und dem anderen Ende. Viele der in dieser Einführung benutzten Begriffe werden wie andere Spezialausdrücke genauer im Glossar erklärt. Hier sind einige hilfreiche Tipps für den Umgang mit Leinen:

- Denke daran, Schnur von Knäueln immer aus dem Inneren zu ziehen, sodass das Knäuel bestehen bleibt.

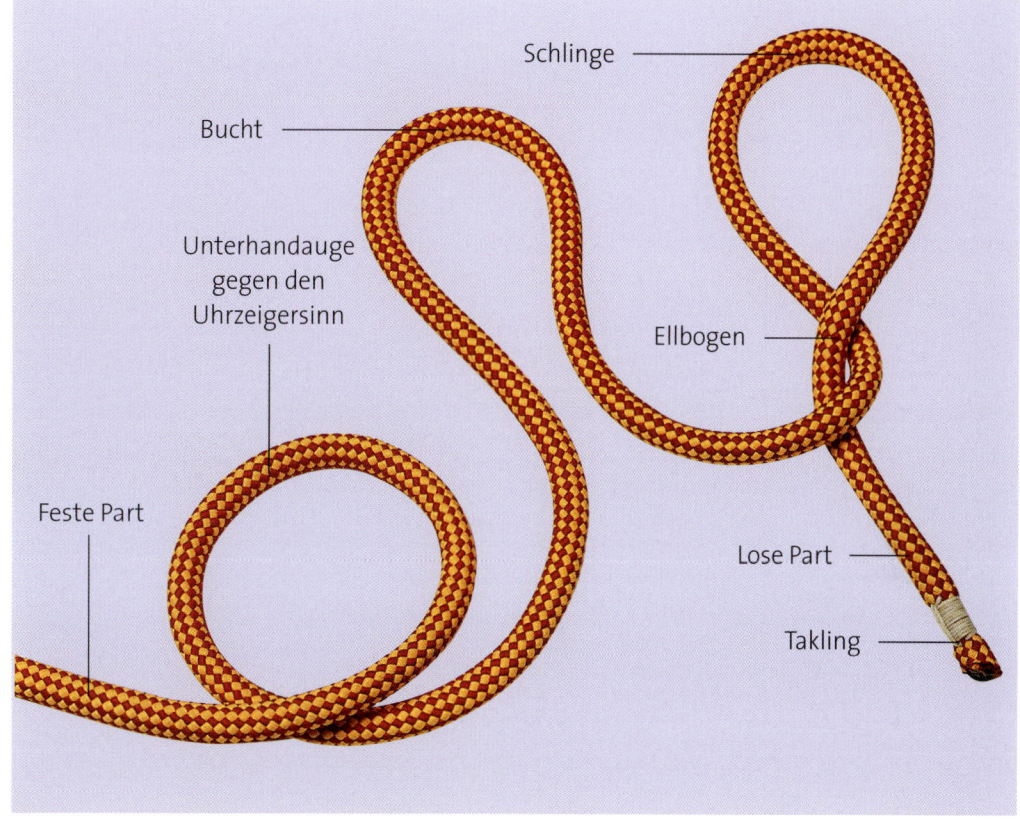

- Wenn du aufgerollte Leinen aus einem Kasten holst, wie er bei Manilaleinen üblich ist, nimm das Ende der Leine aus der Mitte, ohne den Bunsch aus der Kiste zu nehmen. Du solltest dann die benötigte Länge gegen den Uhrzeigersinn aufschießen. Schieße sie dann von der Mitte her wieder im Uhrzeigersinn auf, um Kinken zu vermeiden.
- Drahttauwerk sollte nicht aus der Mitte heraus genommen werden. Sorge dafür, dass das Tau leicht abrollen kann, dann rolle das Tau ab, wie es aufgerollt wurde, es bilden sich sonst leicht Kinken, die es unbrauchbar machen.
- Wenn man ein langes Stück einer Schnur braucht, kann man sie achtförmig um Daumen und kleinen Finger wickeln. Mit dem Ende der Schnur macht man einen Webeleinstek um die »Taille« der Acht und zieht die Schnur dann von innen heraus. Ziehe den Webeleinstek in dem Maße wieder fest, wie die Schnur verbraucht wird.
- Benutze Klebeband zum vorübergehenden Betakeln eines Leinenendes, bevor ein richtiger Takling gesetzt wird. Klebeband verhindert ebenso Aufdröseln eines Kardeels beim Spleißen. Ich markiere damit auch den Anfang eines Spleißes oder benutze es, um die Enden für einen Platting zu nummerieren.
- Mit einem Feuerzeug oder einer kleinen Butanflamme kann man das Ende einer Kunststoffleine verschmelzen und so sein Aufdröseln verhindern. Einige Kunststoffe brauchen dazu geringere Temperaturen als andere, also aufpassen, dass das Ende nicht verkokelt. Probiere das vorher an einem Abfallstück aus.
- Wenn du an einer Leine ziehen willst, wickle sie nie um die Hand, sie kann eingeschnürt werden und du kannst dich verletzen. Wenn du mit mehr Kraft ziehen musst, als du mit der Hand und den Fingern halten kannst, mach eine Schlinge oder benutze eine Winsch oder einen Marlspiekerschlag.

Bist du nun bereit, eine Reise durch Knoten, Steks, Schläge, Schlingen, Bänder, Plattings und andere spezielle Knoten zu machen? Begleite mich auf einem Weg durch die Fantasie der Leinen! Vielleicht wirst du ein weiterer großer Knotenexperte dieser Welt.

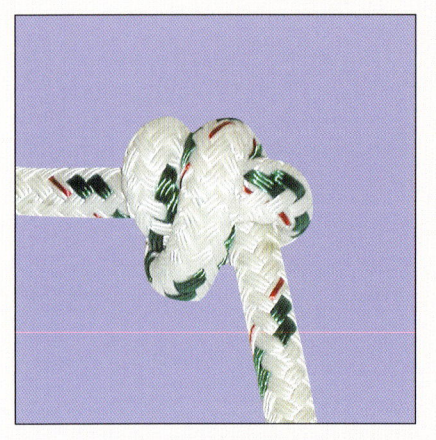

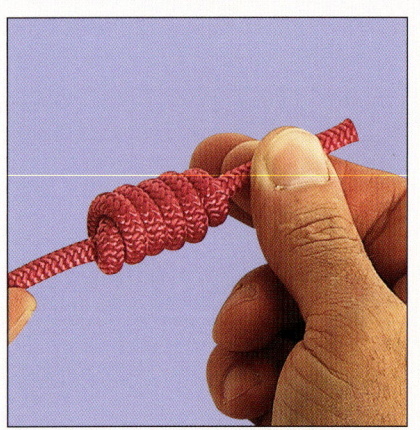

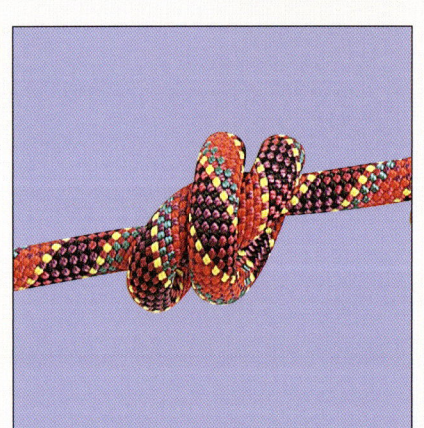

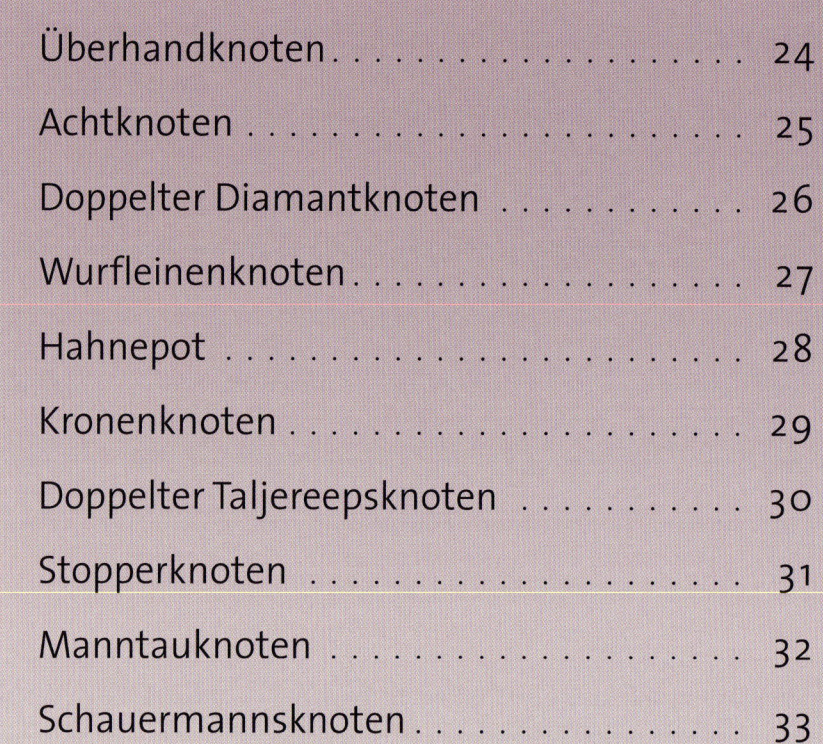

Stopperknoten

Stopperknoten werden üblicherweise in das Ende einer Leine gemacht, damit es nicht durch eine Engstelle rutscht. Knoten dieser Familie können auch verwendet werden, wenn das Ende griffiger werden soll, ohne eine Schlinge zu knoten.

Stopperknoten werden gemacht, um Kardeele am Ende einer Leine zusammenzuhalten, damit sie nicht aufdröseln, um eine Leine daran zu hindern, durch eine Öffnung zu rutschen, um ein Leinenende zu beschweren oder um einen Halt für die Hand zu bieten ...

Des Pawson, 1998

Es gibt viel mehr Stopperknoten als die wenigen, die hier gezeigt werden, und alle funktionieren prächtig. Hüte dich aber davor, einfache Knoten in teure Leinen zu machen, weil dadurch gutes Leinenmaterial ruiniert wird. Gelegentlich folgen die Leute der alten Maxime: »Wenn du den richtigen Knoten nicht hinkriegst, mach viele andere«, und hoffen, dass sich dadurch die Haltbarkeit erhöht. Hüte dich vor diesem Rat; wenn du zu viele Knoten machst, schwächst du die Bruchfestigkeit deiner Leine erheblich!

Überhandknoten

Dieser Stopperknoten kann in monofile genauso gut wie in geflochtene Leinen gemacht werden. Er ist groß, einfach zu merken und kann schwerlich falsch gemacht werden. Seine größte Schwäche ist aber, dass er nicht leicht gelöst werden kann, wenn er unter Last gestanden hat, man braucht vielleicht einen Marlspieker dazu. Benutze ihn als mehr oder weniger dauerhaften Stopper am Ende einer Leine.

▲ **1.** Zuerst bilde eine Überhand-Schlinge, indem du die lose Part im Uhrzeigersinn über die feste Part legst.

▲ **2.** Stecke die lose Part von unten durch die Schlinge, so entsteht ein einfacher Überhandknoten. Ziehe genug von der losen Part hindurch, um den Knoten beenden zu können.

▲ **3.** Stecke die lose Part noch einmal hindurch, um einen Doppelten Überhandknoten zu bilden. Machst du einen Dreifachen Überhandknoten, dann stecke die lose Part ein drittes Mal hindurch, um den Knoten zu beenden.

▲ **4.** Zum Schluss schließe den Knoten, indem du an beiden Parten ziehst, und achte darauf, dass alle Windungen sauber im Knoten liegen. Lasse mindestens den sechsfachen Durchmesser (6 d) der Leine aus dem Knoten herausgucken.

Tipps

Um den Knoten als doppelten oder dreifachen Überhandknoten zu binden, rolle die erste Windung über die zweite, bevor du den Knoten zuziehst.

Übliche Anwendungen

• Segeln
• Freiluftsport
• Allgemeiner Gebrauch

Variante: Überhandknoten mit laufender Bucht

Das Einfügen einer laufenden Bucht erleichtert das Öffnen des Überhandknotens (Überhandknoten auf Slip). Laufende Buchten sollten aber mit Vorsicht benutzt werden: Wenn die Parten der laufenden Bucht sich kreuzen, machen sie den Knoten schwächer. Stelle sicher, dass sie vor dem Zuziehen nebeneinander liegen. Dieser Stopperknoten kann zum schnellen Loswerfen von Schoten vor dem Leitauge oder vor der Kausch am Schothorn verwendet werden.

▲ **1.** Beginne den Knoten mit einer Überhand-Bucht im Uhrzeigersinn. Lasse ein hinreichend langes Stück lose Part übrig, damit die Bucht gelegt werden kann.

▲ **2.** Forme eine Bucht gegen den Uhrzeigersinn, sodass die lose Part nicht über der Bucht liegt. Stecke die Bucht von unten durch die erste Überhand-Bucht.

▲ **3.** Ziehe den Knoten je nach Gebrauch fest zu. Die lose Part wird seitlich herausstehen, wenn der Knoten genügend zugezogen ist.

Tipps

Dieser Knoten kann sofort geöffnet werden, unabhängig davon, wie groß die laufende Bucht ist. Mache sie so groß, wie du sie brauchst, und achte darauf, dass kein Zug auf die Bucht selbst kommt.

Übliche Anwendungen

• Segeln
• Camping
• Allgemeiner Gebrauch

Achtknoten

Eine zusätzliche Windung beim Überhandknoten führt zum Acht-knoten. Wenn du den Achtknoten legst, höre nicht auf, bevor du die »8« geformt hast! Wenn die lose Part rechtwinklig zur festen Part steht, ist der Knoten »gut« gemacht. Merke dir den Spruch:

»Dreh ihn einmal, dreh ihn noch mal, steck ihn durch und mach ihn fest.« Zieh den Knoten am Ende der Leine zusammen, damit er richtig wirken kann. Dieser Knoten verhindert das Ausrauschen aus einer Öse oder einem Webeleinstek (S. 60 – 61).

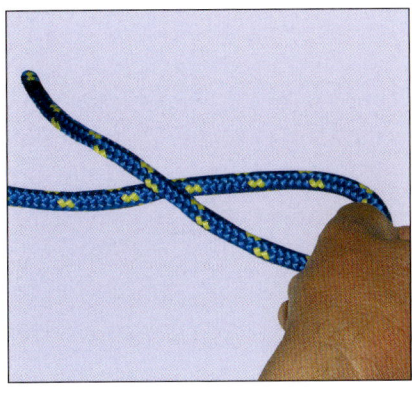

◁ **1.** »Dreh ihn einmal«: Lege eine Überhand-bucht mit der losen Part, auf diesem Foto im Uhrzeigersinn.

◁ **2.** »Dreh ihn noch mal«: Drehe die lose Part noch einmal unter der festen Part hin-durch. Hier wurde die Drehung von dir fort gemacht, so entsteht eine weitere halbe Drehung in der Bucht.

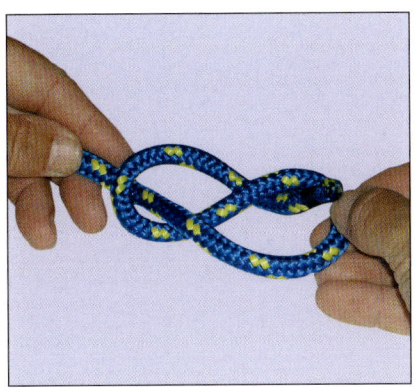

◁ **3.** »Steck ihn durch«: Stecke die lose Part von unten durch die Bucht und beende den dritten Schritt mit dem Zuzie-hen.

◁ **4.** »Mach ihn fest«: Drücke den Knoten zum Ende der laufenden Part, indem du die feste Part mit der rechten Hand festhältst und mit der linken den Knoten verschiebst.

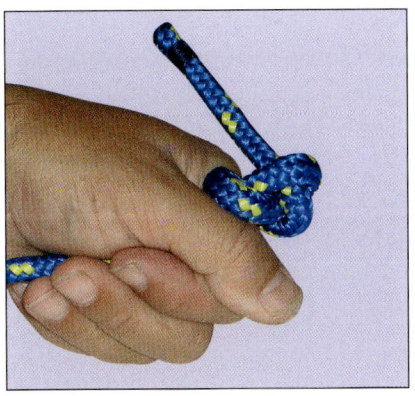

◁ **5.** Die lose Part schaut jetzt rechtwink-lig zur festen Part aus dem Knoten heraus.

Tipps

Den Knoten ganz festzuziehen ist nur angebracht, wenn er dauerhaft bleiben soll. Ist zu erwarten, dass der Knoten plötzlich und heftig einer dynamischen Kraft ausgesetzt wird, ziehe ihn nicht ganz fest, denn die plötzliche Belastung wird besser absorbiert, wenn der Knoten etwas Spiel hat. Du solltest dann aber eine längere lose Part stehen lassen, mindestens den zehnfachen Durchmesser.

Übliche Anwendungen

• Segelm
• Freiluftsport
• Allgemeiner Gebrauch

Doppelter Diamantknoten

Eine Reihe von doppelten Diamantknoten wurde ursprünglich als große Stopperknoten in den Fußpferden der Rahen benutzt, um den Seeleuten Halt auf den nassen oder vereisten Leinen zu geben.

Heute werden sie an den Enden von Reffbändseln angebracht. Am Ende der losen Part verhindern sie z. B. das Ausrauschen aus einem Gattchen.

▲ **1.** Drehe die Kardeele einer Leine auf der Länge von 50 d auseinander. Bilde drei Buchten und lege wie gezeigt ein Gummiband herum.

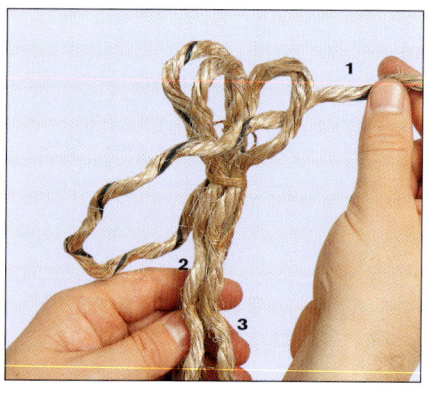

▲ **2.** Stecke Kardeel Nr. 1 über das Ende von Nr. 2 durch die Bucht von Nr. 3.

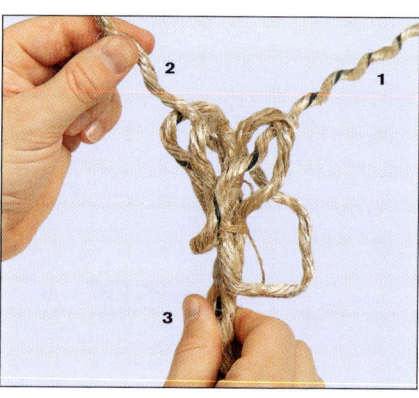

▲ **3.** Stecke Kardeel Nr. 2 über das Ende von Nr. 3 durch die Bucht von Nr. 1.

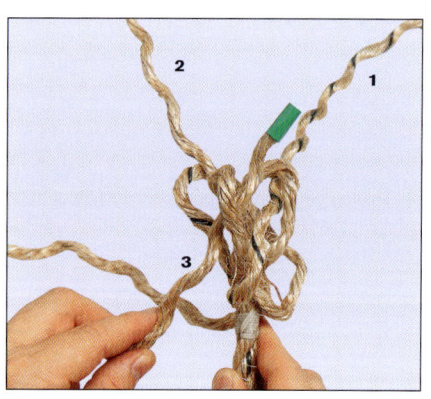

▲ **4.** Wiederhole Schritt 2 und 3 mit dem letzten Kardeel.

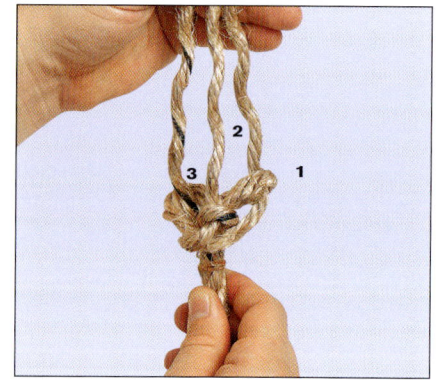

▲ **5.** Ziehe den Knoten lose zu, um alle Kardeele zusammenzubringen.

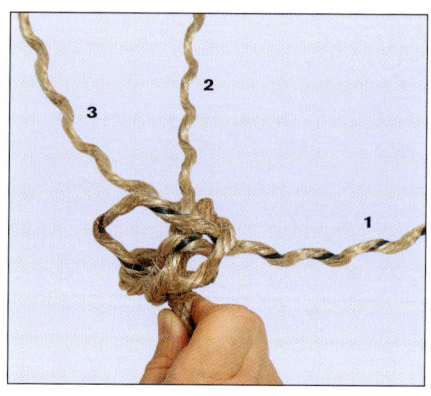

▲ **6.** Folge dem Verlauf von Kardeel Nr. 1 mit seiner eigenen losen Part und lege es parallel unter sein eigenes Kardeel.

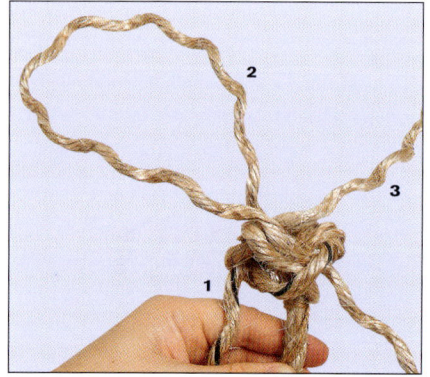

▲ **7.** Wiederhole Schritt 6 mit Kardeel Nr. 2 und stelle sicher, dass die Mitte des Knotens offen bleibt.

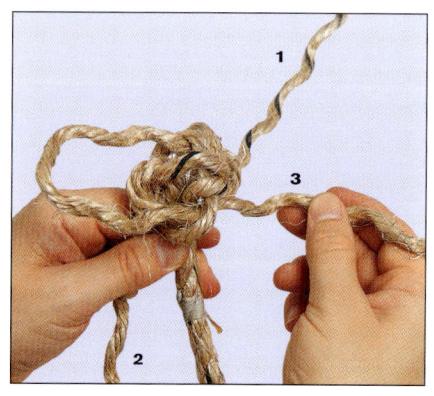

▲ **8.** Wiederhole alles mit Kardeel Nr. 3 und achte auf das Dreieck der doppelten Kardeele oben auf dem Knoten.

▲ **9.** Führe Kardeel Nr. 3 parallel zu seiner eigenen Part hinauf in die Mitte des Dreiecks.

▲ **10.** Wiederhole Schritt 9 mit Kardeel Nr. 2 und dann mit Kardeel Nr. 1, um alle Kardeele zusammenzubringen.

▲ **11.** Ziehe den Knoten zusammen, indem du jedes Kardeel der Reihe nach sanft festziehst.

Tipps

Dieser Knoten kann mit jedem Kardeel entweder parallel unter oder über seiner eigenen Part hindurch gemacht werden. Um ihn abzuschließen, lege die herausragenden Kardeele zusammen und betakle sie mit einem Takling (S. 146 – 150) deiner Wahl.

Übliche Anwendungen

• Segeln
• Freiluftsport
• Schmuck

Wurfleinenknoten

Wie es der Name schon ausdrückt, wird der Wurfleinenknoten benutzt, um eine Hilfsleine an einen Ort zu bringen, den man durch das Werfen der schweren Leine nicht erreichen kann. Um Schaden zu vermeiden, der durch das Werfen eines angebundenen schweren Gegenstandes entstehen kann, gebrauche diesen Knoten, der schnell gemacht ist und schnell wieder geöffnet werden kann, z. B. wenn du zeltest und eine Leine über einen Ast werfen willst, um deine Verpflegung vor Tieren in Sicherheit zu bringen. Wenn du eine schwere Trosse übergeben oder eine andere Leine am Ende der Wurfleine befestigen willst, benutze den Schotstek (S. 90), um die schwerere Leine anzustecken.

▲ **1.** Lege am Ende der Wurfleine eine Bucht – etwa 60 cm – je nach dem Leinendurchmesser. Ungefähr 25 cm vor der Bucht beginne die lose Part um die Bucht zu wickeln. Arbeite in Richtung zur Bucht und wickle die erste Windung über sich selbst.

▲ **2.** Fahre mit den Wicklungen um die Bucht fort, bis die Leine zu Ende ist. Stelle sicher, das jede Windung fest ist, um eine maximale Dichte im fertigen Knoten zu erreichen.

▲ **3.** Stecke das letzte Ende durch den noch erkennbaren Teil der Bucht und ziehe es dann an der festen Part in den Knoten. Fertig!

Tipps

Um den Knoten schwerer zu machen, nimm die Bucht doppelt, verfahre wie beschrieben und stecke das Ende durch beide Teile der Bucht. Achte darauf, dass die Wicklungen eng anliegen.

Übliche Anwendungen

• Segeln
• Klettern
• Camping

Hahnepot

Die Hahnepot findet man meistens neben dem Kronenknoten, beide geben Leinen eine dekorative Struktur oder formen ihr Ende. Die Hahnepot kann auch als Anfang eines Plattings dienen, um Glockenstränge herzustellen oder Tauwerk zu flechten. Mehrere Leinen in ihm zu vereinen führt zu einer buckligen Oberfläche, die guten Griff hat. Hahnepot oder Kronenknoten am Ende einer Sicherheitsleine geben einen guten Halt beim Mann-über-Bord-Manöver.

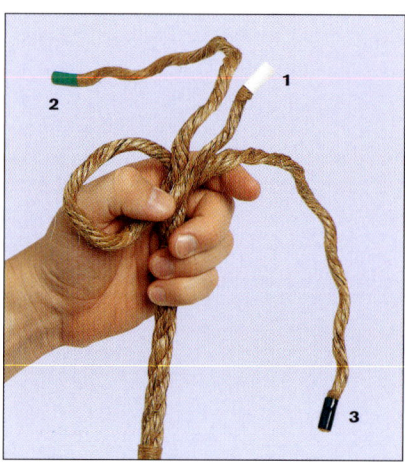

1. Drehe die Kardeele einer geschlagenen Leine auseinander oder binde drei oder mehr Leinen zusammen. Lege die Enden wie Blütenblätter auseinander und nummeriere sie gegen den Uhrzeigersinn. Nimm Nr. 1 um den ausgestreckten Daumen unter Nr. 2 hindurch und richte sie aufwärts.

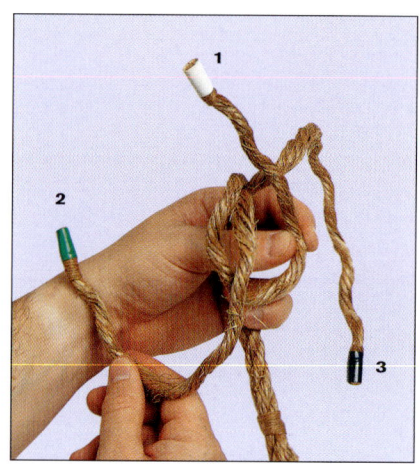

2. Lege Nr. 2 über Nr. 1 um den Daumen.

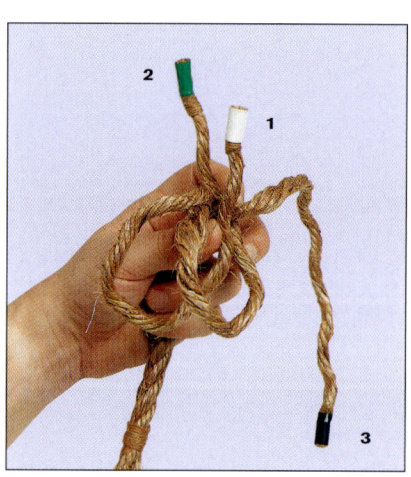

3. Nimm Nr. 2 um Nr. 3 und richte sie wie das erste Ende nach oben. Nun hast du zwei nach oben zeigende Enden und Nr. 3 hängt herunter.

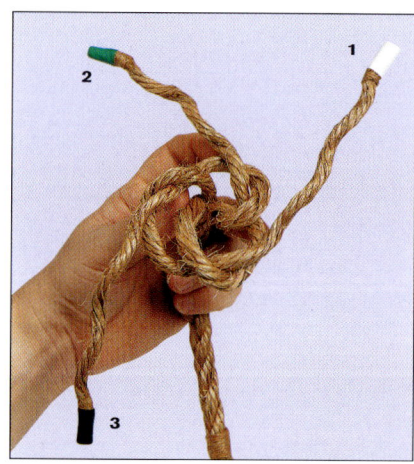

4. Stecke Nr. 3 durch die Bucht von Nr. 1, die um den Daumen liegt. Nun sollen alle drei wie auf dem Foto nach oben zeigen.

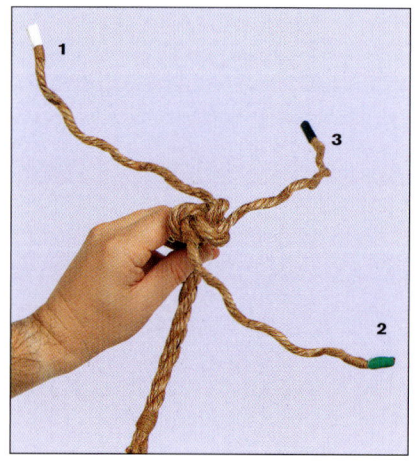

5. Beende den Knoten durch Festziehen jeder einzelnen Leine und achte darauf, keine zu fest zu ziehen, sonst verdreht sich der Knoten. Wiederhole alles nach Wunsch oder kombiniere es mit dem Kronenknoten (S. 29).

Tipps

Der grundsätzliche Unterschied zwischen der Hahnepot und dem Kronenknoten ist die Richtung, in der die Leinen durchgesteckt werden – merke: Die Hahnepot zeigt nach oben, der Kronenknoten nach unten; also kommen die Kardeele bei der Hahnepot oben aus dem Knoten heraus.

Übliche Anwendungen

- Segeln
- Camping
- Schmuck
- Allgemeiner Gebrauch

Kronenknoten

Der Kronenknoten wird zusammen mit der Hahnepot (S. 28) benutzt, um einen »Knauf« z. B. am Ende einer Sicherheitsleine (S. 32) zu formen. Er ist auch der Anfang eines Plattings und ande-

rer Zierknoten. Allein kann er nicht als Stopperknoten dienen; er muss mit der Hahnepot oder einem Spleiß am Ende einer Leine kombiniert werden.

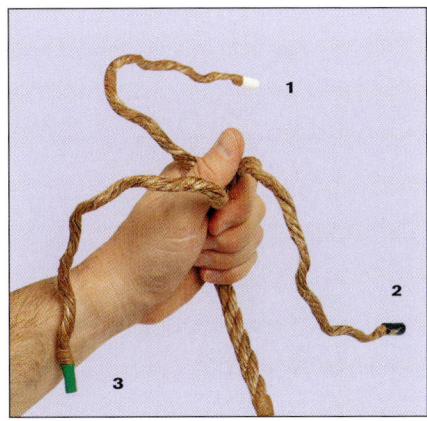

▲ **1.** Drehe die Kardeele bis zu der Stelle auseinander, an der du den Kronenknoten haben willst. Mit Klebeband verhinderst du das weitere Aufdröseln.

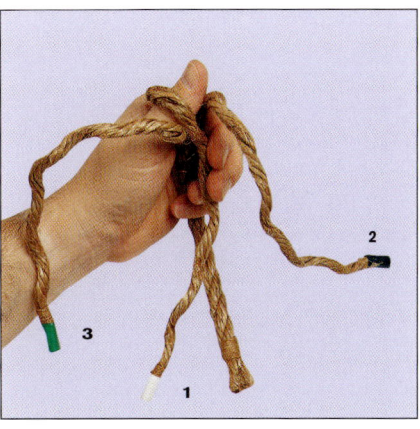

▲ **2.** Lege deinen Daumen an die Stelle, wo die Kardeele auseinandergehen, und halte sie getrennt. Lege Kardeel Nr. 1 über den Daumen und über Kardeel Nr. 3, um am Daumen eine Bucht zu bilden.

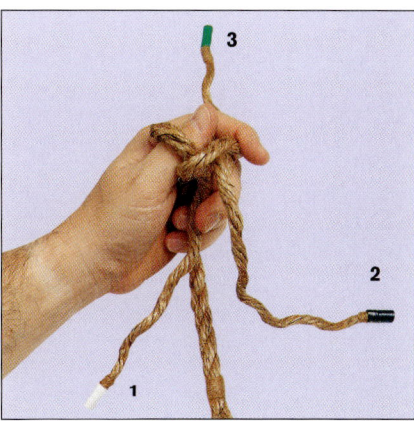

▲ **3.** Lege Nr. 3 über Nr. 2, sodass der Schritt von Nr. 1 wiederholt wird. Kardeel Nr. 3 liegt nun über Nr. 2 und zeigt wie Nr.1 nach unten.

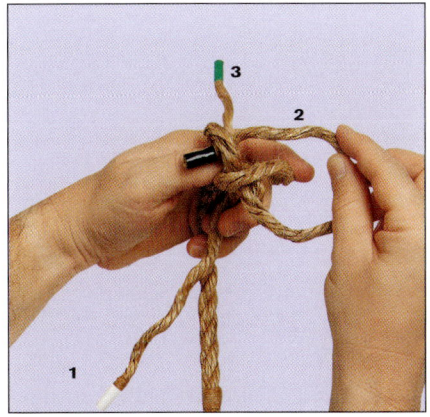

▲ **4.** Ziehe den Daumen heraus und lege Kardeel Nr. 2 über Nr. 3 und unter Nr. 1, wo vorher der Daumen war. Jedes Kardeel liegt nun zwischen zwei anderen.

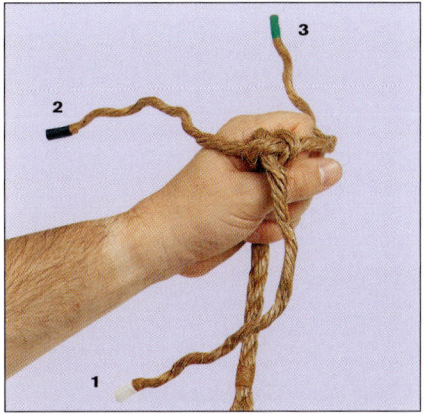

▲ **5.** Entferne das Klebeband, das die Kardeele vorübergehend zusammengehalten hat. Ziehe den Knoten zusammen, indem du an der laufenden Part jedes Kardeels ziehst, und bilde dabei ein festes Dreieck.

Tipps

Willst du einen Platting mit mehr als vier Strängen machen, brauchst du einen Kern in der Mitte, sonst fällt das Gebilde zusammen. Merke: Der Kronenknoten entwickelt sich nach unten, das ist auch die Richtung, in der alle Kardeele durchgesteckt werden. In Schritt 1 kann man statt des Klebebandes auch einen Würgestek (S. 120) einsetzen.

Übliche Anwendungen

• Segeln
• Camping
• Schmuck
• Allgemeiner Gebrauch

Doppelter Taljereepsknoten

Über den Erfinder dieses Knotens, Matthew Walker, habe ich eine Geschichte gehört: Für ein Verbrechen, das er nachweislich auf See begangen hatte, ist er zum Tode verurteilt worden. Der Richter, ein früherer Seemann, versicherte Walker, dass er frei sei, wenn er einen Knoten machen könnte, den der Richter weder nachmachen noch öffnen könnte. Walker knüpfte prompt diesen Knoten mitten in eine Leine – und der Richter musste ihn freilassen. Der Knoten kann als fester Stopperknoten in Bändseln verwendet werden. Er macht sich auch gut am Griff eines Reißverschlusses.

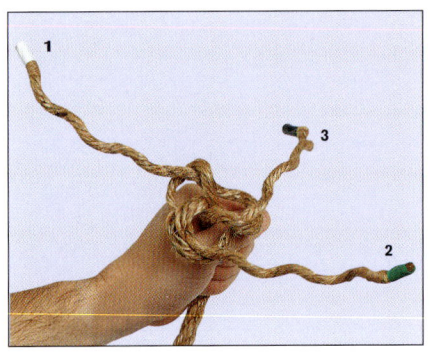

▲ **1.** Der Knoten kann mit einer losen Hahnepot (S. 28) begonnen werden. Markiere das Ende jedes Kardeels mit farbigem Klebeband. Ein Stück Tape fixiert die Leine dort, wo du mit der Hahnepot anfangen willst. Dieses ist rechts geschlagene Leine, deshalb werden die Kardeele gegen den Uhrzeigersinn gelegt.

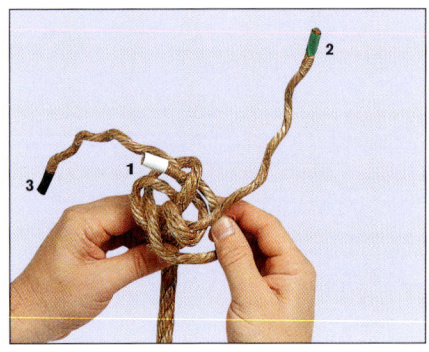

▲ **2.** Stecke nun Kardeel Nr.1 entgegen dem Uhrzeigersinn um Nr.2, das daneben liegt.

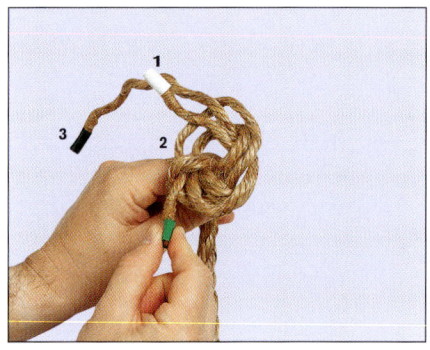

▲ **3.** Folge genau dem Kardeel Nr. 2. Halte Nr. 1 nach unten, sodass es nicht im Wege liegt. Ziehe den Knoten zu, aber noch nicht fest.

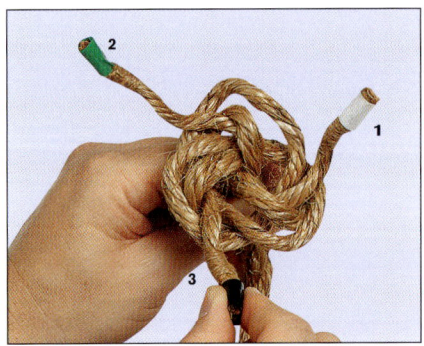

▲ **4.** Nun wiederhole Schritt 2 und 3 bei jedem Kardeel; es entstehen drei doppelt gesteckte Kardeele. Ziehe den Knoten fest, sodass alle Kardeele nebeneinander liegen. Du siehst, dass die Kardeele so liegen wie bei einem Überhandknoten, aus dem die lose Part nach oben herauskommt.

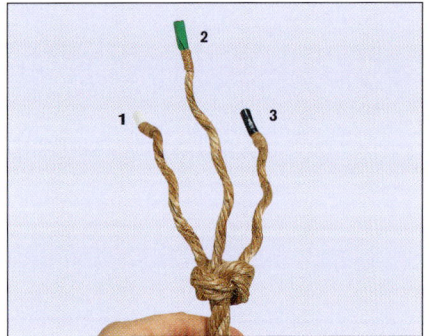

▲ **5.** Ziehe den Knoten ein letztes Mal zu und ziehe jedes Kardeel nach oben und über seinen Nachbarn, sodass es wie abgebildet aussieht. Der fertige Knoten wird nun wie links geschlagen aussehen, wenn er mit einer rechts geschlagenen Leine gemacht wird, jedes Kardeel scheint von rechts unten nach links oben zu laufen, wenn man den Knoten von der Seite ansieht.

▲ **6.** Wenn du willst, entferne das Tape von Schritt 1 und versäubere die Enden der Kardeele so, dass nur ein kurzes Stück aus dem Knoten herausschaut. Du kannst auch die Kardeele wieder in der alten Form verdrillen und damit jeden verblüffen, der ihn aufmachen will.

Tipps

Dieser Knoten kann auch mit einem Überhandknoten jedes Kardeels um die feste Part begonnen werden, wobei jedes Kardeel oben aus dem Knoten herauskommt, bei rechts geschlagenem Tauwerk gegen den Uhrzeigersinn. Alle losen Parten sind dann durch alle vorhergegangenen Überhandknoten gelaufen. Die größte Zahl an Kardeelen, die ich in dieser Art Knoten gesehen habe, war 104, geknüpft von Harold Scott, Mitglied der *International Guild of Knot Tyers*.

Anwendungen

• Segeln
• Schmuck

Stopperknoten

Der Stopperknoten wird als Alternative zum Wurfleinenknoten (S. 27) benutzt, wenn man ein größeres Gewicht am Ende der Leine braucht. Er ist etwas schwieriger zu machen, bringt aber mehr Gewicht. Mach diesen Knoten nicht zu hastig – Geduld ist hier eine große Tugend!

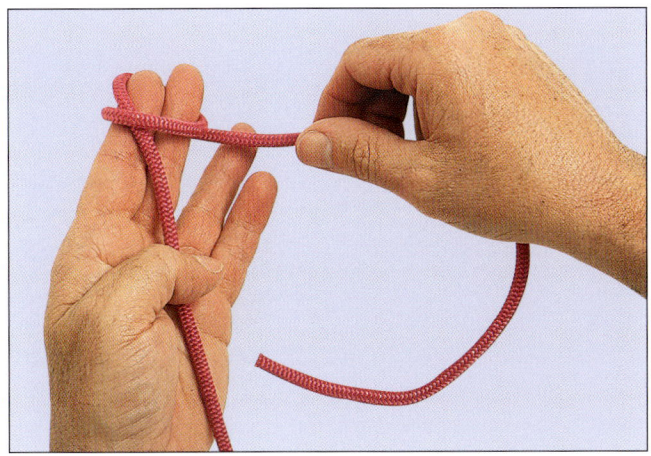

▲ **1.** Lege zuerst die Leine über die Finger deiner linken Hand (für Rechtshänder) und wickle sie von vorn nach hinten um die Fingerspitzen.

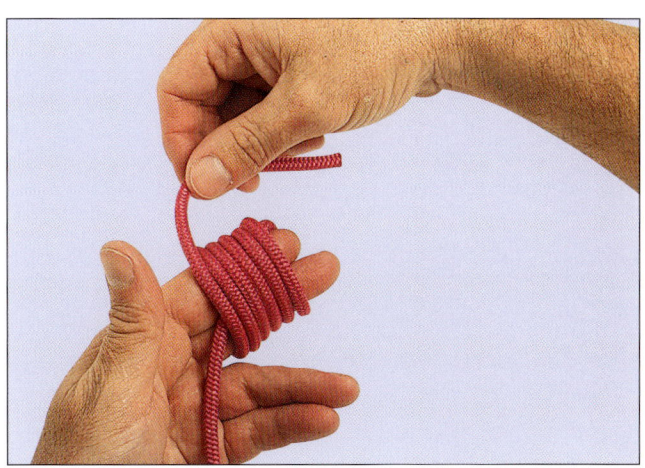

▲ **2.** Fahre fort, Wicklungen um die Finger zu machen, bis nur noch genug Leine übrig ist, sie durch den Knoten zu den Fingerspitzen zu führen. Achte darauf, die Wicklungen nicht zu eng zu machen.

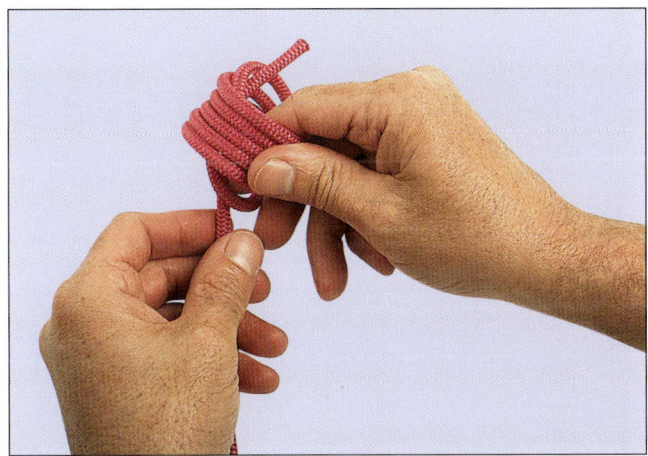

▲ **3.** Nimm das Ganze vorsichtig von den Fingern. Drehe alle Wicklungen zusammen und halte dabei die lose Part in der rechten Hand. Ziehe weiter alle Wicklungen fest um den Überhandknoten, der innen liegt. Das geht leichter, wenn du gleichzeitig an der festen Part ziehst und die beim Drehen entstehende Lose herausnimmst.

▲ **4.** Fahre fort, die Windungen fest zu drehen, bis der Knoten fest um den Überhandknoten liegt. Das war's!

Tipps

Machst du den Knoten in 10-mm-Polyesterleine, dann lege die Windungen weich um mehrere Stöcke oder Bleistifte anstatt um die Finger. Nimmst du die Windungen herunter, ist gerade so viel Platz da, wie du brauchst, um das Ende hindurchzuziehen.

Übliche Anwendungen

- Segeln
- Camping
- Klettern

Manntauknoten

»Erst eine Hahnepot, dann eine Krone, erst nach oben, dann nach unten« (First a Wall, then a Crown, next go up, then go down) lautet die Eselsbrücke junger Seeleute, um sich zu merken, wie der Manntauknoten gemacht wird. Er ist eine Variante eines früheren Knotens, der »Segeltauknoten« heißt und 1794 in Darcy Lever's Buch gezeigt wird. Diesen Knoten zu beherrschen macht dich zu einem kompetenten Knotenfachmann. Versuche es mit verschiedenfarbigen Leinen, damit du siehst, wie sich der Knoten aufbaut.

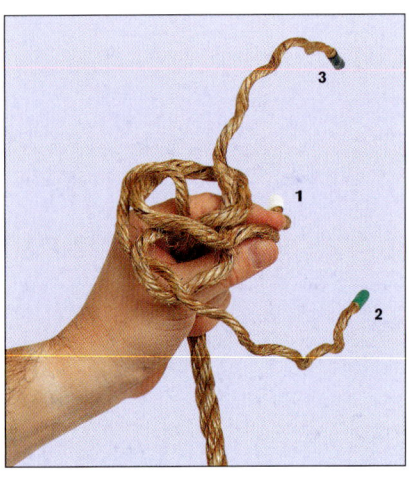

◁ **1.** Mache eine Hahnepot (S. 28) und lass jedes Kardeel mindestens 25 cm lang.

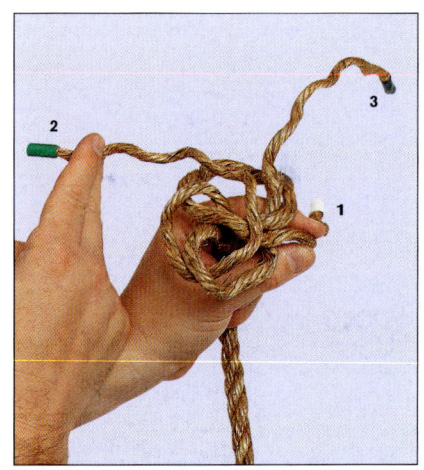

◁ **2.** Bringe nacheinander jedes Kardeel zu einem Kronenknoten (S. 29). Kardeel Nr. 2 wird hier beim Durchstecken gezeigt.

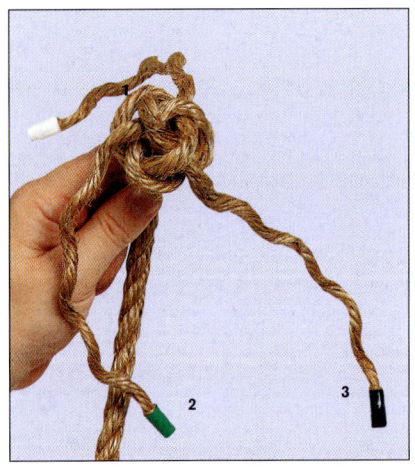

◁ **3.** Jedes Kardeel liegt nun über seinem ersten Durchgang, bereit für den nächsten.

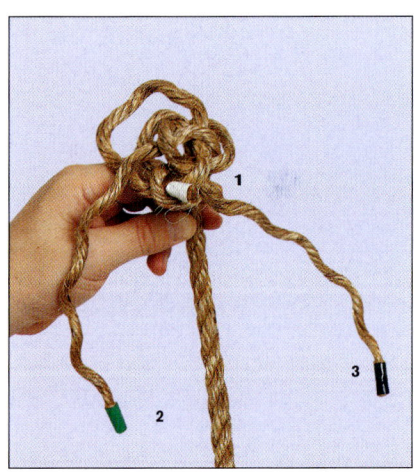

◁ **4.** Stecke Kardeel Nr. 1 über sich selbst und parallel zu sich selbst nach oben durch den Knoten.

◁ **5.** Wiederhole Schritt 4 mit den Kardeelen Nr. 2 und Nr. 3. Damit beendest du den Teil »erst nach oben«.

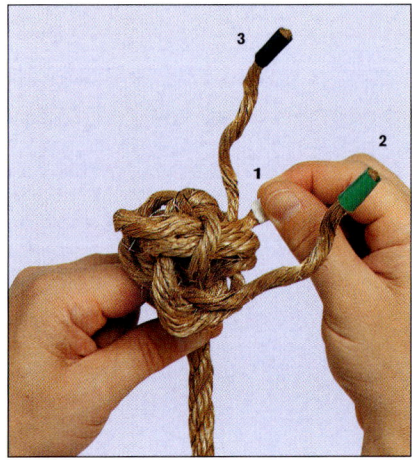

◁ **6.** Stecke jetzt Kardeel Nr. 1 parallel zu sich selbst nach unten durch den Knoten.

7. Wiederhole Schritt 6 mit den Kardeelen Nr. 2 und Nr. 3. Damit ist der letzte Teil des Merksatzes erfüllt: »... dann nach unten«. Ziehe den Knoten zu und beschneide die Enden.

Tipps

Zur Vervollständigung stecke die Kardeele hinunter durch den Knoten, sodass sie entlang der festen Part liegen. Ziehe sie fest und beschneide sie wie zuvor beschrieben oder kämme die Enden der Kardeele aus und trimme sie.

Übliche Anwendungen

- Segeln
- Freiluftsport
- Klettern

Schauermannsknoten

Beim Ein- oder Ausladen der Fracht eines Schiffes wird ein Flaschenzug (Rollen in einem Block) benutzt, um die Kräfte besser zu verteilen und weniger Reibung zu erzeugen. Bei einer größeren Scheibe im Block an der Last wird ein größerer Stopperknoten gebraucht, um ein Ausrauschen zu verhindern. Der Schauermannsknoten erfüllt diese Forderung bestens. Heute wird er auch benutzt, damit eine Leine nicht aus einem Block, einer Leitöse oder einem Gattchen läuft.

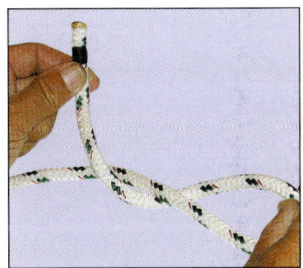

▲ **1.** Beginne wie beim Achtknoten (S. 25) mit dem Ende einer Leine. Stecke es dann aber nicht durch.

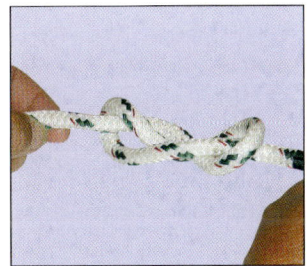

▲ **2.** Wickle die lose Part ein zweites Mal um die feste Part und stecke sie dann wie beim Achtknoten durch die Bucht.

▲ **3.** Ziehe den Knoten wie auf der Abbildung fest, indem du an der festen Part ziehst, um die lose Part einzuklemmen.

Tipps

Benutzt du diesen Knoten beim Angeln, feuchte die monofile Leine vor dem Festziehen an, um die Windungen besser gleiten zu lassen.

Übliche Anwendungen

- Angeln
- Klettern
- Freiluftsport
- Allgemeiner Gebrauch

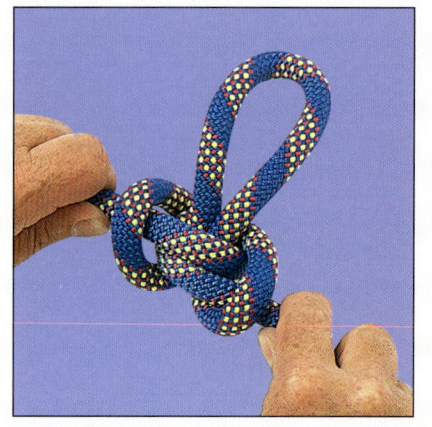

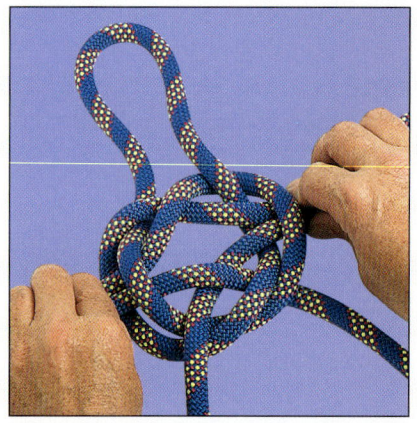

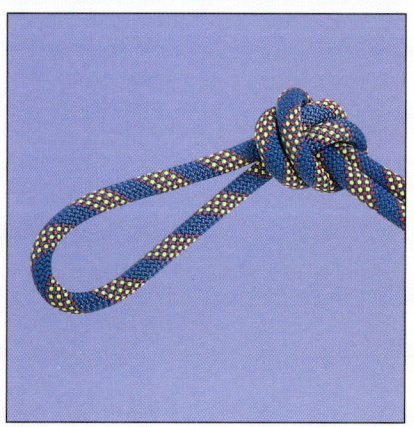

Schlingen

Schlingenknoten sind Knoten, die benutzt werden, um einen Gegenstand oder eine andere Leine anzubinden. Sie sind nicht nur fürs Klettern, die Seefahrt oder gar für den Schornsteinfeger geeignet, sie gehören zu den meistverwendeten Knoten für alle Zwecke.

Manchmal brauchst du eine Schlinge in der Mitte eines Taus oder einer Schnur weit entfernt von den Enden. Im Klettertau, das schon an einem anderen Kletterer befestigt oder am Ende belegt ist, musst du vielleicht noch eine Schlinge um die Hüfte einer weiteren Person machen. Du möchtest möglicherweise auch eine Schlinge um deine Schulter legen, um eine Last bewegen zu helfen. Du möchtest eine kleine Schlinge machen, um einen Punkt in einem Tau zu markieren. Es wäre mühsam, ein Ende irgendwo hindurch zu stecken, um eine Schlinge zu machen, wenn die Länge der Leine beträchtlich ist.

Percy Blandford, 1988

Die Vielfalt der Schlingenknoten ist groß, wie du an der folgenden Sammlung der beliebtesten erkennen kannst. Schlingenknoten werden für besondere Zwecke angewendet, doch können sie immer wieder für den gleichen Zweck benutzt werden, ohne geöffnet und wieder neu gemacht werden zu müssen. Sie sind, allgemein ausgedrückt, vielfältiger, stärker und haltbarer als andere Knoten und Steks.

Schmetterlingsauge

Dieser elegante Knoten, der einfach zu machen ist, nimmt eine herausragende Stellung ein, besonders weil er auch lebensrettend sein kann. Das Schmetterlingsauge erfüllt diesen Zweck und verdient die Ehrung. Es wird vor allem beim Klettern angewendet und zeigt in besonderem Maße, wie hilfreich Knoten sind, die schnell gebunden werden können und gut halten, ob in der Mitte oder am Ende einer Leine. Es kann auch dazu dienen, eine beschädigte Stelle im Seil zu überbrücken oder zuverlässige Haltepunkte für weitere Leinen anderer Kletterer zu bilden.

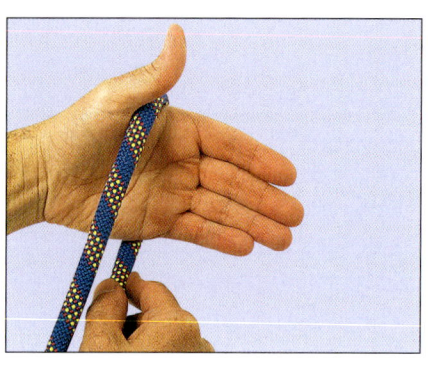

◁ **1.** Lege die lose Part über die Hand. Machst du den Knoten in der Mitte einer Leine, lege sie einfach über die Hand.

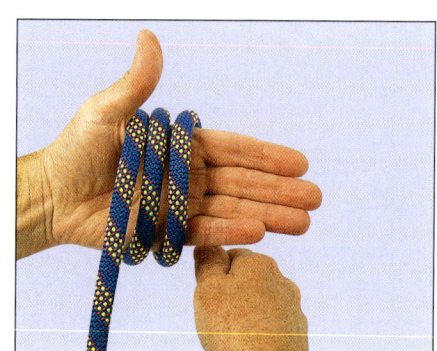

◁ **2.** Wickle sie ein zweites und ein drittes Mal um die Hand, sodass nun drei Wicklungen um die Hand liegen.

◁ **3.** Lege die links liegende Wicklung in die Mitte.

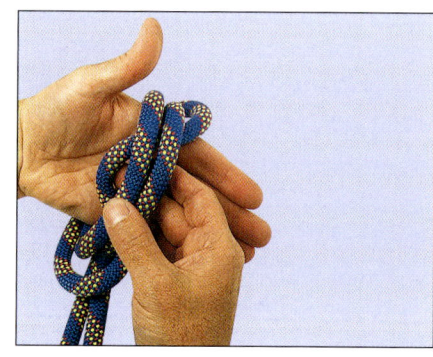

◁ **4.** Ziehe die jetzt links liegende Wicklung über die anderen beiden und stecke sie unter den beiden anderen hindurch in Richtung Daumen, sodass sie die anderen bekneift.

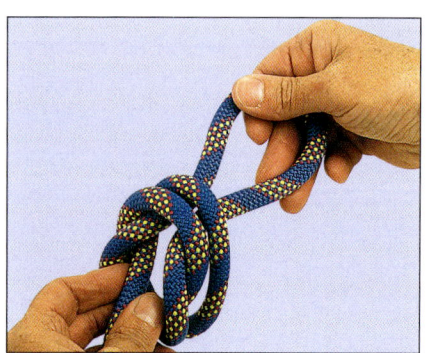

◁ **5.** Nachdem alle Wicklungen von der Hand gestreift sind, halte die Bucht fest und ordne den Knoten.

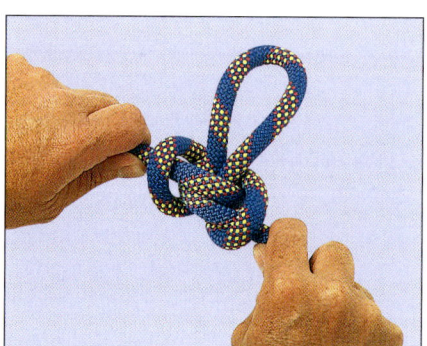

◁ **6.** Ziehe beide Parten fest.

Tipps

Der Knoten kann mit jeder Hand gemacht werden. Eine andere Methode ist, eine Bucht zwischen zwei Ellbogen zu machen und dann die Bucht unter den Augen hindurch nach oben durch das obere Auge zu ziehen.

Übliche Anwendungsgebiete

- Segeln
- Klettern
- Freiluftsport
- Allgemeiner Gebrauch

Anglerschlinge

Dieser Knoten hält gut in Gummiseilen und macht die kleinen Heftklammern überflüssig, die so oft nach kurzem Gebrauch in der Leine festgerostet sind. Er wird auch an monofilen Angelschnüren für das Vorfach verwendet und gilt wegen seiner Haltbarkeit auf glattem Material als nahezu perfekt. Der Knoten kann rechts- oder linkshändig gemacht werden. Er ist für Leinen von größerem Durchmesser (20 mm) weniger geeignet, weil solch dicke Leinen schlecht die vielen Drehungen und Windungen aufnehmen. Der Knoten ist nach einer Belastung schwer zu lösen, sei dir also sicher, dass du ihn wirklich brauchst, bevor du ihn machst.

◄ **1.** Lege ein Überhandauge gegen den Uhrzeigersinn, sodass die stehende Part nach rechts herauskommt.

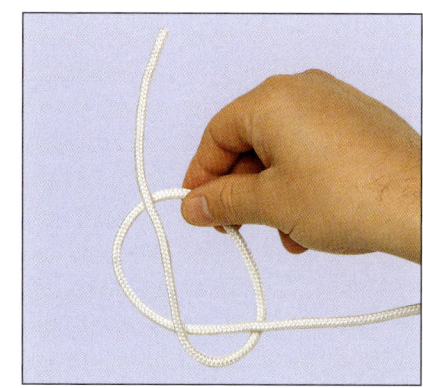

◄ **2.** Lege die lose Part im Uhrzeigersinn über das Auge, dann ...

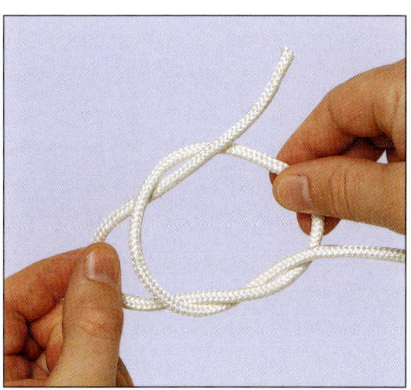

◄ **3.** ... stecke sie als Bucht nach links durch das erste Auge.

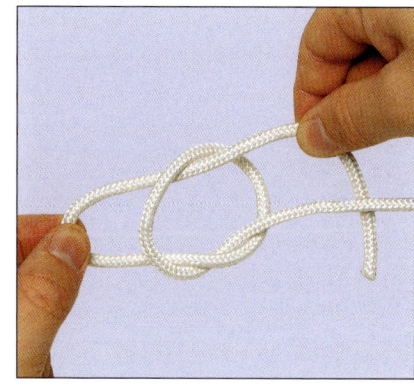

◄ **4.** Ziehe diese Bucht der losen Part aus dem Auge heraus. Ordne den Knoten, indem du die gewünschte Länge bestimmst, wie es hier gezeigt wird.

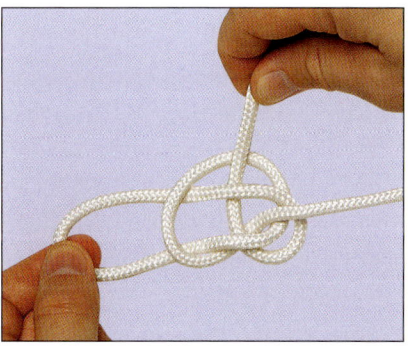

◄ **5.** Stecke die lose Part unter der Bucht und über dem ersten Auge hindurch.

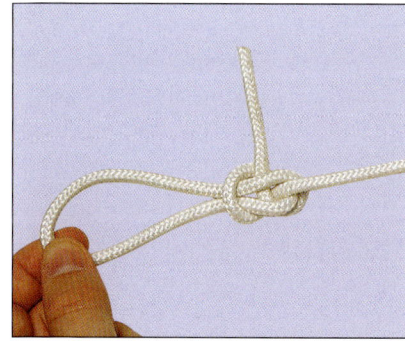

◄ **6.** Stelle sicher, dass sich die lose Part fest unter die sich kreuzenden Parten zieht und ein Ende von etwa 6d herausschaut.

Tipps

Wenn du den Knoten zusätzlich sichern willst, mache noch einen Überhandknoten (S. 24) um die feste Part.

Übliche Anwendungsgebiete

- Segeln
- Klettern
- Freiluftsport
- Allgemeiner Gebrauch

Blutknoten-Leinenschlinge

Die Blutknoten-Leinenschlinge nutzen vor allem Angler als Möglichkeit, eine Schlinge für das Vorfach oder eine zweite Fliege zu formen, wenn man einen Blinker oder Haken mit einer Anglerschlinge (S. 37) angebunden hat. *Paul's Fishing Kites* aus Neuseeland hat eine neue Art beschrieben, die Schlinge zu binden, sie scheint auch in dickerem monofilem Material gut zu halten. Sieh dir auch die Tipps an, um eine dritte Methode kennen zu lernen. Bei einer dickeren Leine kann diese Methode sinnvoll sein, um schnell ein Sicherheitsauge in die Mitte zu machen, auch wenn es schwierig werden kann, den Knoten festzuziehen und ihn wieder zu lösen, nachdem die Schlinge belastet war.

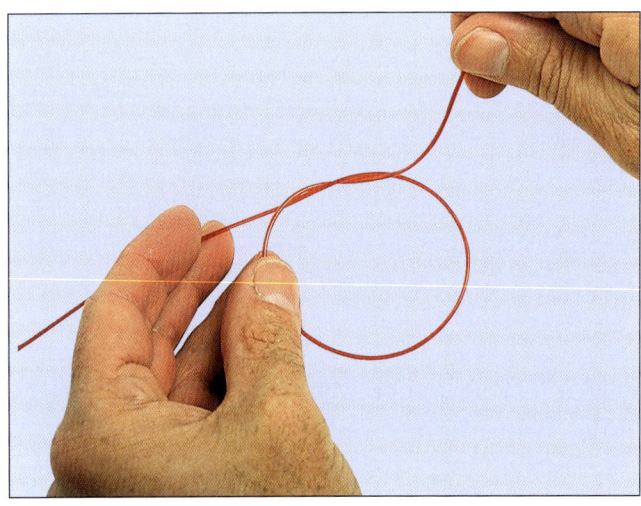

▲ **1.** Mache einen Überhandknoten (S. 24) in die monofile Schnur.

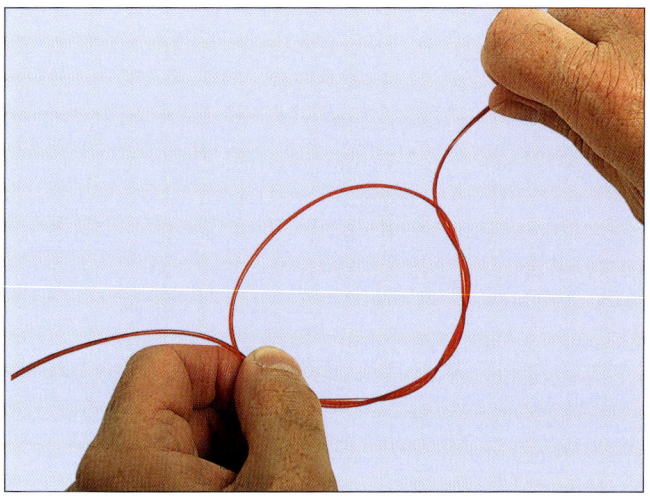

▲ **2.** Stecke die lose Part ein zweites und ein drittes Mal hindurch, um einen dreifachen Überhandknoten (S. 24) zu bilden.

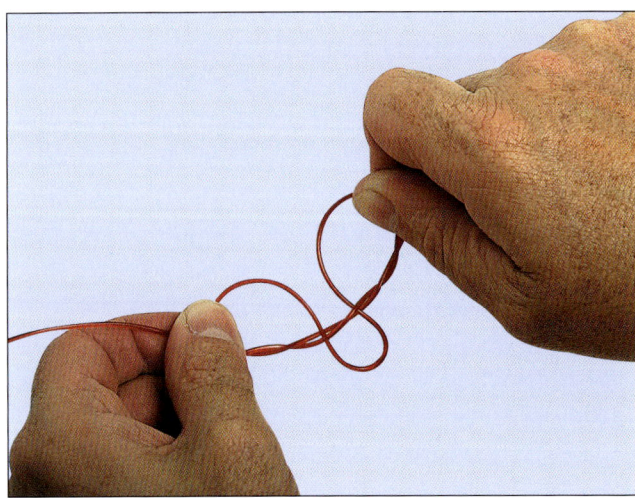

▲ **3.** Bilde aus dem nicht verdrehten Teil des Knotens eine Bucht und schiebe sie durch die Mitte des verdrehten Teils.

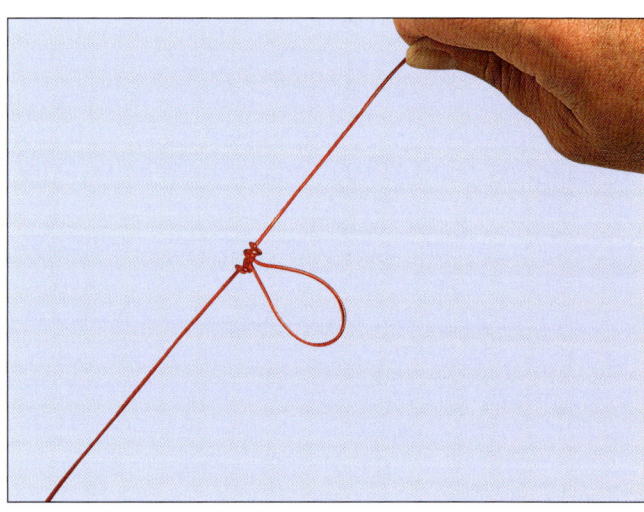

▲ **4.** Der Knoten sollte jetzt angefeuchtet werden, damit er leicht in die richtige Form rutscht, wenn an beiden Parten gezogen wird. Bei einer monofilen Schnur kann es nötig sein, das Auge beim Zuziehen über einen Pflock zu legen.

Tipps

Lege eine Überhandschlinge im Uhrzeigersinn. Dann verdrehe die oben liegende Part mit einem Streichholz mehrere Male um die unten liegende. Schiebe die unverdrehte Part durch das Auge, wo das Streichholz war, und ziehe den Knoten dann fest.

Übliche Anwendungsgebiete

- Angeln
- Freiluftsport
- Allgemeiner Gebrauch

Notmastknoten

Der Notmastknoten kann auf See in einem Notfall Leben retten; er dient dazu, einen Masttopp-Beschlag zu ersetzen, der Stage und Wanten aufnimmt. Ist der Mast gebrochen und soll doch wieder aufgerichtet werden, bietet der Knoten, wenn er am Kopf der Ersatzspiere festgezogen ist, drei Befestigungsschlingen und ein Paar Leinen, das das weitere Stag bildet. Auch als Zierknoten kann er mit der gezeigten Methode einfach gemacht werden. Er wird auch Kannenknoten genannt, wenn er ein Gefäß oder eine Schlagpütz hält.

1. Lege gegen den Uhrzeigersinn ein Unterhandauge in die Leine.

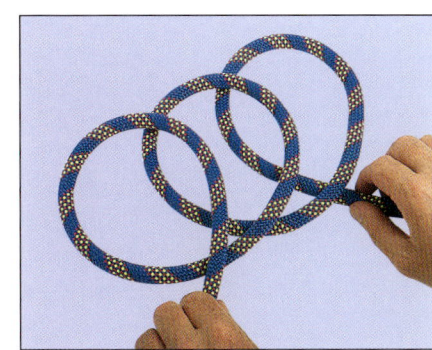

2. Bilde zwei weitere gleiche Augen. Lege jedes Auge unter das vorhergehende und arbeite dabei von links nach rechts.

3. Greife unter dem ganz rechts liegenden Auge hindurch über den rechten Teil des mittleren Auges nach dem rechten Teil des ersten Auges.

4. Greife über das am weitesten links liegende Auge und unter dem mittleren Auge hindurch an den linken Teil des dritten Auges.

5. Ziehe nun die beiden Augen zur jeweiligen Seite heraus.

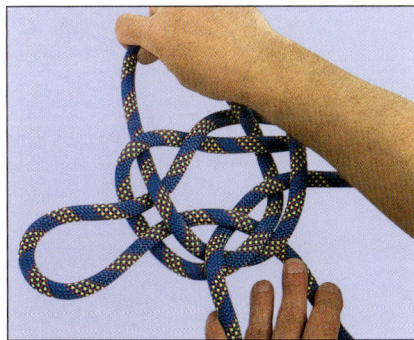

6. Ziehe das obere Auge aus dem Knoten und ziehe dabei die zwei Parten der Leine nach unten.

7. Ordne die Augen und stecke den Masttopp in die Mitte des Knotens. Das obere Auge kann das Vorstag aufnehmen, die seitlichen Augen die Wanten und die beiden Parten dienen als Achterstage.

Übliche Anwendungsgebiete

• Segeln   • Allgemeiner Gebrauch

Tipps

Der Knoten kann auch mit zwei Überhandaugen außen und einem Unterhandauge in der Mitte gemacht werden, das Ergebnis sieht dann etwas anders aus. Die Machart bleibt jedoch die gleiche: Du ziehst die Seitenaugen über und unter die anderen Augen.

Palstek

Eine Buleine oder Buline ist ein Leinensystem, das auf Rahseglern dazu diente, das Luvliek eines Rahsegels klar zu halten. Der Palstek (engl. Bowline Loop) ist der Knoten, der diese losen Leinen zu einem Geschirr zusammenhält. Heute wird er gebraucht, um eine Schot am Schothorn oder ein Fall am Bügel eines Blocks festzumachen, aber auch, um eine Schlinge zu formen, die über eine Klampe oder einen Poller am Anleger gelegt wird. Dieser einfache Knoten hat eine Vielzahl von Formen und Anwendungen, er ist leicht zu lösen, ganz gleich, wie hoch die Belastung war.

1. Lege mit der festen Part in der linken Hand eine »6«, lass dabei ein langes Ende der losen Part herunterhängen. Die lose Part muss lang genug sein, um die Bucht der beabsichtigten Größe zu legen. Halte die entstandene Überhandschlinge mit dem linken Daumen fest.

2. Stecke die lose Part von hinten durch das Auge, ziehe sie aber nur kurz hindurch. Die Bucht unter der »6« wird die gewünschte Schlinge.

3. Führe die lose Part – egal, ob im oder gegen den Uhrzeigersinn – hinten um die feste Part herum und nach unten zurück durch das Auge, sodass sie parallel zur ersten Führung liegt.

4. Halte die lose Part gegen den rechten Teil der Schlinge, die du geformt hast, und ziehe den Knoten an der festen Part zu.

Variante 1: Um deinen Körper knoten

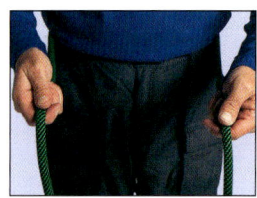

1. Lege die lose Part um deine Hüfte und halte die feste Part mit der linken Hand.

2. Mit der losen Part in der rechten Hand (Handballen nach unten) kreuze die feste Part dicht am Körper von rechts nach links.

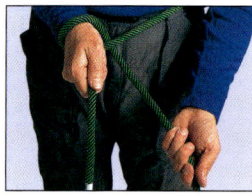

3. Bringe die rechte Hand (Ballen nach oben) innen um die feste Part in Richtung Herz, sodass ein Auge um das Handgelenk entsteht.

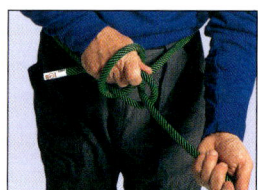

4. Die Finger der rechten Hand legen die lose Part hinter der festen Part herum und ergreifen die lose Part wieder über der festen.

5. Wirf das Auge von deinem Handgelenk auf die feste Part und ziehe den Knoten mit der linken Hand zu.

Variante 2: Den Sicherheitsgurt anknoten

◀ **1.** Ziehe die lose Part durch die Schlinge oder den Bügel am Sicherheitsgurt und halte sie mit der rechten Hand fest.

◀ **2.** Drehe deinen linken Handballen nach unten und bilde mit der festen Part ein Überhandauge gegen den Uhrzeigersinn.

◀ **3.** Greife durch das Auge hinauf zur festen Part und ziehe aus ihr eine Bucht durch das Auge.

◀ **4.** Führe die lose Part von vorn nach hinten durch die Bucht und ziehe genügend Leine durch, um das Ende (den »Steert«) des Palsteks zu bilden. Führe die lose Part zu sich selbst zurück.

◀ **5.** Ziehe die feste Part nach oben und damit die Bucht in der losen Part durch die erste Bucht. Der Knoten wird dabei nach links kippen.

Übliche Anwendungsgebiete

- Segeln
- Klettern
- Freiluftsport
- Allgemeiner Gebrauch

Tipps

Um den Palstek zu öffnen, schiebe die oberste Bucht auf der Rückseite des Knotens von ihm fort, um Lose zu geben. Für Kinder eignet sich die Geschichte von der Schlange, dem Teich und dem Baum, um sich den Ablauf zu merken. Für Segler habe ich eine andere Eselsbrücke gebaut: »Hier ist der Mast (die feste Part) und hier am Mastfuß ist eine Luke (die »6«). Der Segler (die lose Part) schläft darunter (unter der Hand) und merkt, dass ein Sturm aufzieht. Er kommt aus der Luke (bringe die lose Part durch das Auge), geht um den Mast (lege die lose Part um die feste) und taucht durch die Luke wieder ab (lose Part wird geht wieder durch das Auge nach unten), um sich in die Koje zu hauen (halte die lose Part gegen sich selbst), kurz bevor der Sturm zuschlägt (ziehe den Knoten mit der festen Part zu). Probiere die Geschichte doch einmal aus!

Sicherheit

Mache mit der losen Part einen doppelten Überhandknoten um die daneben liegende Part der Bucht, damit eine glatte Leine nicht durchgezogen wird. Wende bei einer schlüpfrigen Leine den Zweifachen Palstek (S. 42) an.

Zweifacher Palstek

Diese Variante des Palsteks ist bei Kletterern beliebt, weil er größere Festigkeit bieten soll, auch wenn es dafür keine statistischen Beweise gibt. Im Aufbau ist es der gleiche Knoten wie der Doppelte Schotstek (S. 91) mit einer Bucht, die von einem doppelten Auge bekniffen wird. Er wird von Clifford Ashley als Rundtörnpalstek (Round Turn Bowline, Nr. 1013 im *Ashley-Buch der Knoten*, ab hier *ABDK* genannt) bezeichnet. Er ist der Meinung, er sei »gut in glattem und schlüpfrigem Tauwerk« und dass dieser Palstek »so hält, dass er weniger leicht umkippt«; vielleicht ist das der Grund für die Beliebtheit beim Klettern. Wie hoch sein Wert auch ist, es ist schwierig, ihn mit kalten Fingern zu machen, und er muss vor dem Zuziehen sorgfältig geordnet werden.

1. Lege wie beim Palstek ein Überhandauge gegen den Uhrzeigersinn.

2. Mach ein zweites Auge über dem ersten und halte mit dem linken Daumen die Kreuzung des doppelten Auges fest.

3. Schiebe wie beim Palstek die lose Part durch das jetzt doppelte Auge.

4. Lege die lose Part um die feste und ziehe sie durch das doppelte Auge zurück.

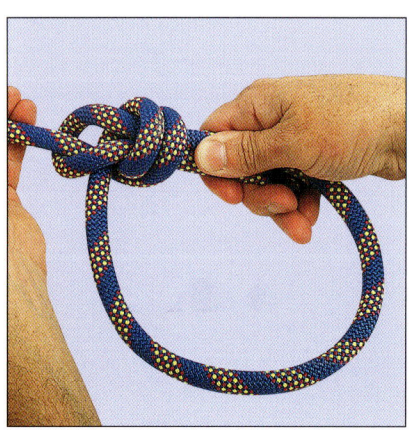

5. Ordne den Knoten wie auf dem Foto und ziehe ihn an den Parten zu. Achte darauf, dass das doppelte Auge überall fest anliegt, bevor der Zweifache Palstek belastet wird.

Tipps

Um ihn ganz sicher zu machen, binde mit dem Ende einen Doppelten Überhandknoten (S. 24) um den Schlingenteil.

Übliche Anwendungsgebiete

- Klettern
- Freiluftsport

Doppelter Palstek

Dieser Knoten hat einige der besseren Eigenschaften der Palstek-Familie, wie Sicherheit und Schnelligkeit beim Binden. Das Wesentliche ist nicht, dass der Knoten in der Mitte einer Leine gebunden wird, sondern dass die entstehenden Augen feste Schlingen sind, die kaum verrutschen können. Jedes Auge kann einzeln und unabhängig vom anderen belastet werden, das macht ihn sehr vielseitig. Kletterer, Segler und Leute im Rettungsdienst gebrauchen ihn gleichermaßen, weil er gut hält und zusätzlich eine Halteleine bietet, mit der die Person in der Schlinge stabilisiert werden kann.

◀ **1.** Bilde mit der Leine eine lange Bucht, halte die feste Part – aus beiden Leinen – in der linken Hand und lege gegen den Uhrzeigersinn ein Auge hinein.

◀ **2.** Stecke die Bucht von hinten durch das Auge, lass dabei die Schlinge in der gewünschten Länge.

◀ **3.** Öffne den durchgesteckten Teil der Bucht so weit, dass du alle Teile des Knotens hindurchziehen kannst. Dabei fällt die Bucht von der vorderen auf die hintere Seite des Auges. Die Bucht bildet eine Schlinge unter dem ersten Auge, wenn du sie anziehst.

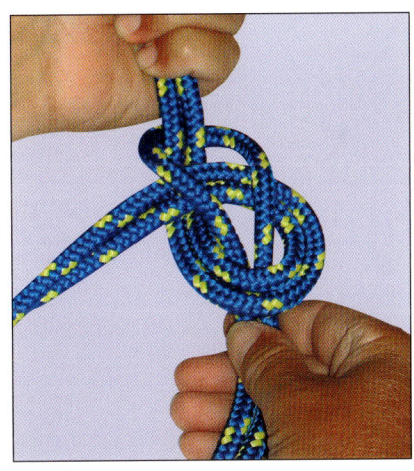

◀ **4.** Halte die fertige Schlinge und ordne den Knoten so, dass sich beim Ziehen an der festen Part die Bucht durch das Auge der festen Part schließt und die Schlinge sichert.

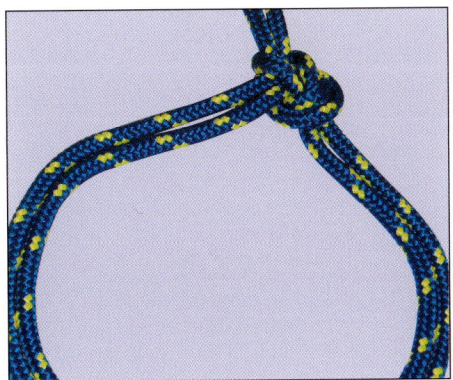

Übliche Anwendungsgebiete

- Segeln
- Klettern
- Allgemeiner Gebrauch

Tipps

Achte darauf, beim Binden nicht das Auge loszulassen, sonst fällt der Knoten zusammen. Der fertige Knoten auf dem linken Foto ist groß genug, um eine Person zu retten; die Größe der Schlinge sollte für den jeweiligen Gebrauch eingestellt werden.

Portugiesischer Palstek

Wird er als Teil eines Bootsmannsstuhls oder zum Sichern gebraucht, bietet der Portugiesische Palstek eine bequemere Sitzposition. Die doppelte Schlinge bietet eine größere Fläche, auf der Kräfte verteilt werden.

Als Sicherheitsknoten sollte er aber mit Vorsicht gebraucht werden: Wenn nur eine Schlinge belastet wird, rutscht die andere durch den Knoten und legt sich strammer um den Körper der angehobenen Person. Felix Riesenberg nannte diesen Knoten 1922 Französischen Palstek und empfahl ihn als möglichen Sicherungsknoten. Versuche zeigten aber, dass der Doppelte Palstek sehr viel belastbarer ist und nicht die Tendenz hat, dass sich die Schlingen zuziehen.

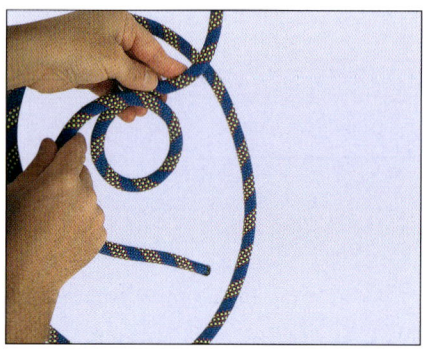

◂ **1.** Lege ein Überhandauge gegen den Uhrzeigersinn in die feste Part der Leine und lasse genügend Länge, um die Bucht doppelt so groß wie gewünscht zu machen.

◂ **2.** Stecke die lose Part durch das gelegte Auge und ziehe soviel davon hindurch, wie du für die Schlinge brauchst.

◂ **3.** Bilde mit der losen Part eine zweite Bucht über der ersten und führe die lose Part wieder durch das Auge.

◂ **4.** Führe die lose Part oben um die feste Part herum und zurück durch das Auge.

◂ **5.** Ziehe an der festen Part, um den Knoten zu schließen.

Tipps

Legst du zuerst die zwei Buchten und steckst dann den Knoten wie beim Palstek (S. 40), sparst du Zeit, wenn es eilig ist.

Übliche Anwendungsgebiete

• Segeln
• Klettern
• Freiluftsport
• Allgemeiner Gebrauch

Spanischer Palstek

Mit diesem Palstek kann man aus einer Leine einen ziemlich sicheren Bootsmannsstuhl machen. Die beiden Schlingen bilden eine feste Form, durch die die Beine gesteckt werden, und die Person wird dann an der doppelten festen Part hochgezogen. Der Knoten wird in der laufenden Leine gemacht und war auch als Doppelt

Gegabelte Schlaufe bekannt (*ABDK* Nr. 1087). Er kann aber auch rutschen, weil die beiden Schlingen nicht unabhängig voneinander sind. Die Augen in der Mitte müssen gut festgezogen werden, um den Knoten schlupfsicherer zu machen.

◁ **1.** Lege in eine Leine eine große Bucht und kippe sie wie gezeigt hinter die festen Parten, es entsteht ein Auge im Uhrzeigersinn und eines dagegen.

◁ **2.** Ergreife die Augen oben und drehe jedes eine halbe Drehung zum anderen.

◁ **3.** Stecke das linke Auge von hinten durch das rechte. Ziehe es durch, bis in der Mitte ein »X« entsteht.

◁ **4.** Greife mit beiden Händen durch jedes Auge von hinten hindurch an das Auge, das um das »X« liegt, mit der rechten Hand an die rechte Seite, mit der linken an die linke Seite.

◁ **5.** Ziehe die gegriffenen Teile durch, so entsteht diese Form dieses Palsteks. Achte darauf, dass die festen Parten parallel zueinander liegen und sich nicht kreuzen.

Anwendungsgebiete

• Segeln
• Klettern
• Freiluftsport
• Allgemeiner Gebrauch

◁ **6.** Ordne den Knoten und ziehe ihn dann mit Griff an beiden Augen und den stehenden Parten gleichmäßig fest.

Tipps

Wenn du die beiden Augen zuerst bildest und dann weitermachst wie beim Palstek (S.40), Variante 1, sparst du Zeit, falls es eilt.

Dreifacher Palstek

Dieser Knoten für Kletterer wird mit drei Schlingen in der Mitte einer Leine gemacht. Zwei davon werden für die Beine gebraucht, der dritte wird über einen Arm und um die Brust gelegt. Er wird auch als dreifache Befestigung beim Ankern benutzt, jede Schlinge hält einen Teil des Ankersystems.

◀ **1.** Lege in die Leine eine Bucht, die lang genug ist, dass Beine und Körper einer Person hineinpassen.

◀ **2.** Lege wie beim Palstek ein Auge gegen den Uhrzeigersinn, indem in die feste (doppelte) Part ein Überhandauge gelegt wird.

◀ **3.** Stecke die Bucht von hinten durch das Auge, sie ist nun die lose Part.

◀ **4.** Lege die lose Part (Bucht) hinter der festen Part herum und stecke sie wieder durch das Auge zurück.

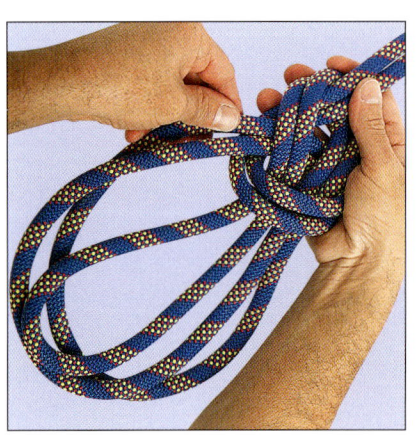

◀ **5.** Ziehe die lose Part (Bucht) so weit durch, dass sie die Länge der anderen Schlingen hat; arbeite nach, bis das erreicht ist. Ordne den Knoten und ziehe ihn fest.

Tipps

Beachte, dass der Schwerpunkt der Person unter der Mitte des festgezogenen Auges liegt und dass die ersten beiden Schlingen (für die Beine) gleich groß bleiben, damit sie nicht unbequem werden.

Übliche Anwendungsgebiete

• Klettern   • Freiluftsport

Wasserpalstek

Der Wasserpalstek hat in einer nassen Leine höhere Haltekraft und rutscht nicht auf. Im *ABDK* von 1944 benennt Ashley diesen Knoten nicht, auch wenn er eine Zeichnung veröffentlicht hat, in der gezeigt wird, wie man ihn macht. Raoul Graumont erwähnte ihn in seinem Buch *Handbook of Knots* (1945) und in seiner *Encyclopedia*

of Fancy Knots and Ropework in Zusammenarbeit mit John Hensel (1942). Der besondere Wert des Wasserpalsteks liegt im zusätzlichen halben Schlag, der verhindert, dass die Schlinge sich zu fest zieht und der Knoten leichter gelöst werden kann, ohne dass seine Sicherheit darunter leidet.

◀ **1.** Lege ein normales Palstekauge in die feste Part.

◀ **2.** Bilde ein zweites Überhandauge gegen den Urzeigersinn unter dem ersten und schiebe es unter das erste Auge.

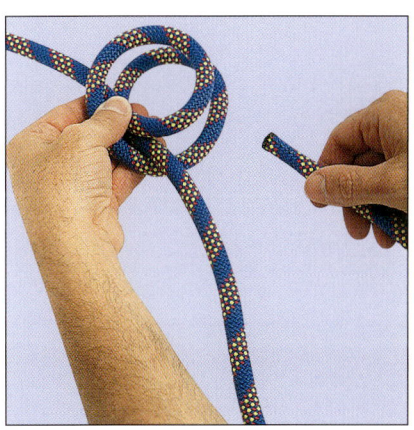

◀ **3.** Stecke die lose Part wie beim Palstek durch beide Augen.

◀ **4.** Lege die lose Part um die feste und stelle die gewünschte Schlingengröße her.

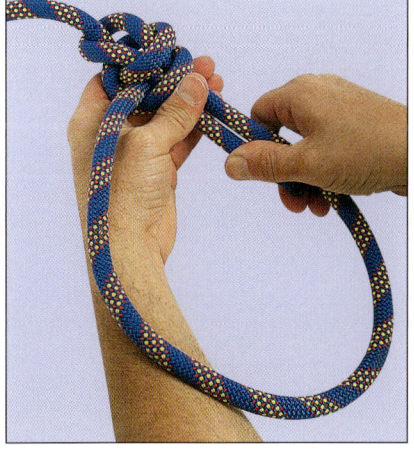

◀ **5.** Beende die Schlinge, indem du die lose Part durch beide Augen zurücksteckst; halte sie an der rechten Seite der entstandenen Schlinge fest und ziehe den Knoten an der festen Part zu. Wenn du das zweite Auge an das erste schiebst, vergrößerst du die entstandene Schlinge.

Tipps

Der Knoten ist um einiges sicherer als der einfache Palstek, ob nass oder nicht. Der zusätzliche Halbe Schlag erhöht die Reibung an der losen Part und verhindert, dass die Schlinge herausgezogen wird.

Übliche Anwendungsgebiete

- Segeln
- Klettern
- Freiluftsport
- Allgemeiner Gebrauch

Mittschiffsmannstek

Dieser Knoten ist bemerkenswert vielseitig. Die verstellbare Schlinge kann zum Spannen einer Zeltleine benutzt werden. Ursprünglich wurde der Mittschiffsmannstek gebraucht, um eine andere Leine zu stoppen, nach Luce und Lever schon 1819. Aldridge und Nicholls zeigen beide einen Mittschiffsmannstek als Alternative zum Hakenschlag, so hat sich offensichtlich der Zweck (oder der Name) des Knotens geändert. Heute wird der Mittschiffsmannstek benutzt, wenn eine Schlinge in der Größe verändert werden muss, um eine Leine zu straffen.

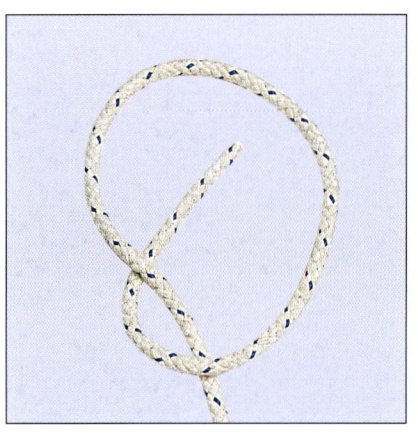

◂ **1.** Lege die lose Part einer Leine zu einem Auge um die feste Part.

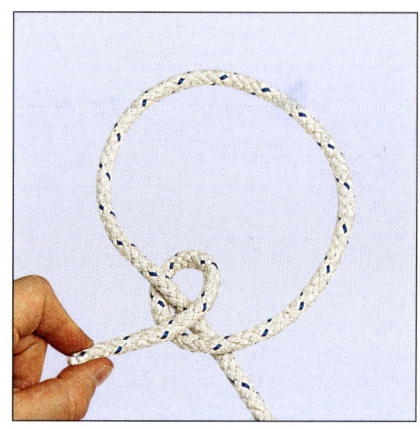

◂ **2.** Lege die lose Part noch einmal um die feste Part herum.

◂ **3.** Stecke die lose Part ein drittes Mal über die zwei vorhergehenden und lege sie dann um die feste Part.

◂ **4.** Beende den Stek, indem du die lose Part unter sich selbst durchsteckst und so einen halben Schlag machst.

◂ **5.** Ordne den Knoten und ziehe die Windungen um die Leine fest.

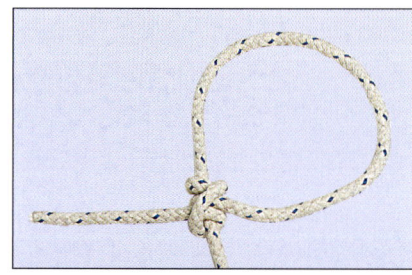

◂ **6.** Schiebe den Stek auf der festen Part von der Schlinge fort, um die Leine zu straffen.

Tipps

Um die Leine zu lockern, greife den Knoten fest und schiebe ihn in Richtung Schlinge.

Anwendungen

• Segeln
• Freiluftsport
• Allgemeiner Gebrauch

Überhandknoten mit Schlinge

Schnell gemacht, aber schwierig zu öffnen, weil sich die Schlinge fest zuzieht, kann der Überhandknoten mit Schlinge in der laufenden Leine oder mit einer Bucht der losen Part gemacht werden. Ist kein Marlspieker zur Hand, kann es nötig werden, ihn aufzuschneiden. Sein Wert liegt darin, dass keine zusätzlichen Zierwindungen oder Umkehrungen gemacht werden müssen und dass man ihn auch mit klammen Fingern oder Handschuhen machen kann.

▲ **1.** Forme da, wo du den Knoten brauchst, eine Bucht und mache mit der Bucht einen Überhandknoten (S. 24).

▲ **2.** Ordne den Knoten und achte darauf, dass alle sich kreuzenden Teile nebeneinander liegen.

Variante: Doppelter Überhandknoten mit Schlinge

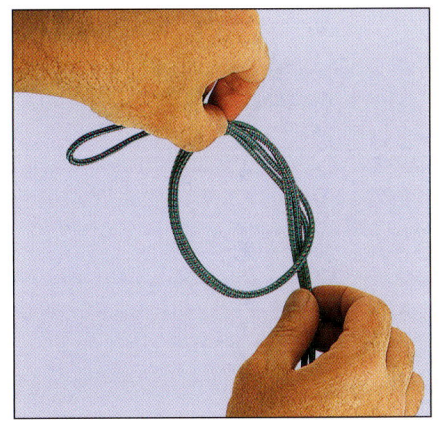

▲ **1.** Lege mit einer Bucht in der Leine einen Doppelten Überhandknoten (S. 24).

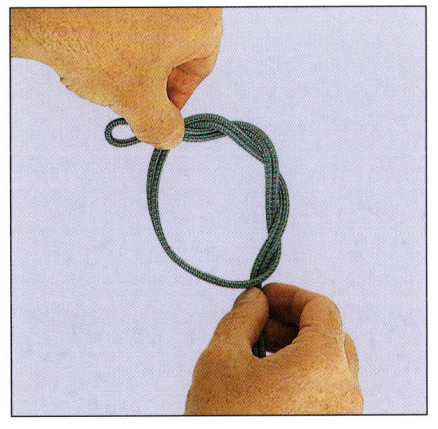

▲ **2.** Ordne den Knoten und drehe die Teile der Bucht, um die Schlinge zu formen.

▲ **3.** Ordne den Knoten und achte darauf, dass sich kreuzende Teile sauber zueinander liegen.

Tipps

Beide Knoten sind schwer zu öffnen. Aber wenn du ein Stück Polypropylen oder einen anderen glatten Faden vor dem Zuziehen in den Knoten legst und du diesen Faden vor dem Öffnen herausziehst, entsteht genügend Platz, um einen Marlspieker anzusetzen. Benutze diesen Knoten nicht in einer harten, rauen Leine, weil durch die Reibung ein Öffnen unmöglich wird.

Übliche Anwendungsgebiete

• Freiluftsport   • Allgemeiner Gebrauch

Überhandknoten mit laufender Schlinge

Manchmal brauchen wir eine Schlinge, die sich fest um einen Gegenstand schließt; ein anderes Mal wollen wir die Schlinge geöffnet lassen, sie aber auch vergrößern können. Dieser Schlingenknoten hilft in beiden Fällen, je nach dem, wie man ihn macht. Der Überhandknoten mit laufender Schlinge ist ein sehr geeig-

neter Knoten, um über Brillenbügel gelegt zu werden, wenn man ein Sicherungsbändsel festziehen möchte. Wird dieser Knoten in eine Leine um die Hüfte gemacht, benutzt man einen Achtknoten als Stopper, damit die Schlinge um den Kletterer offen bleibt und das Zuziehen verhindert wird.

1. Lege eine Bucht, die weit genug ist, um den Gegenstand, der gehalten werden soll, zu umschließen. Dabei muss genügend Länge für die Augen und den Knoten an der losen Part übrig bleiben.

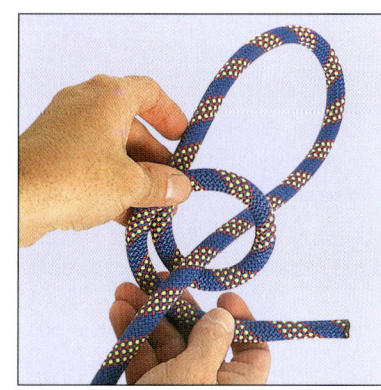

2. Lege mit der losen Part ein Überhandauge gegen den Uhrzeigersinn um die feste Part.

3. Wickle die lose Part in Richtung Bucht locker um die feste Part. Zwei oder drei Wicklungen sind genug, dabei liegt jede neben ihrem Vorgänger.

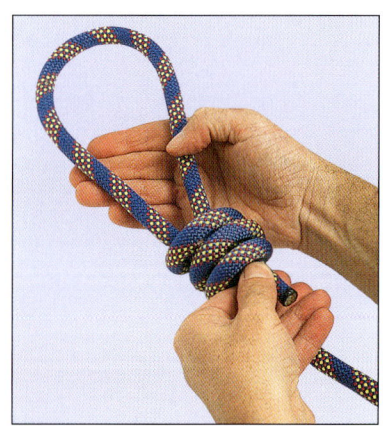

4. Stecke die lose Part in Richtung der festen Part von der Bucht weg nach unten durch die Wicklungen.

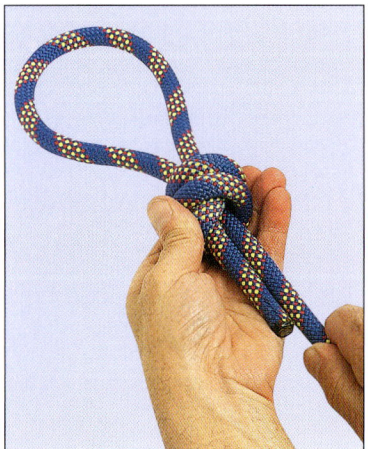

5. Ordne die Wicklungen um die feste Part.

Tipps

Ordne immer die Wicklungen um die feste Part und nimm die Lose heraus, dann schiebe die Schlinge je nach Wunsch auf oder zu. Dieser Knoten ist nicht für Materialen mit hoher Reibung geeignet.

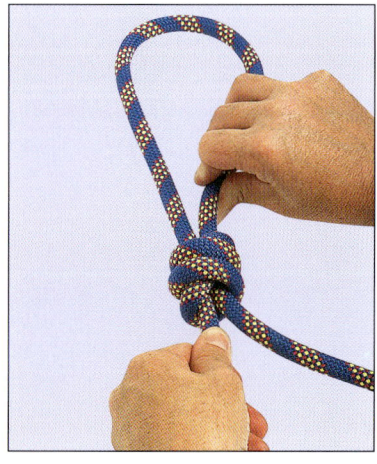

6. Ziehe den Knoten an dem nicht rutschenden Teil der Bucht und der losen Part fest. Der Knoten kann nun um den Gegenstand gelegt werden, der befestigt werden soll.

Anwendungsgebiete

• Segeln
• Freiluftsport
• Allgemeiner Gebrauch

Variante: Mit einem Achtknoten als Stopper

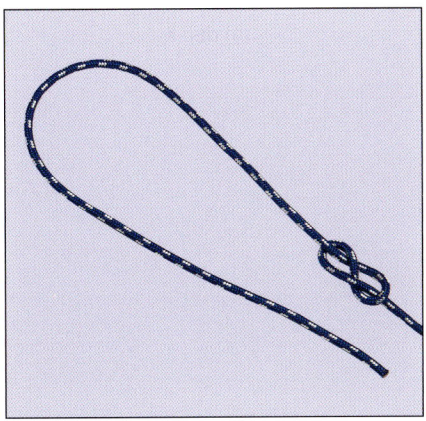

◀ **1.** Mache einen Achtknoten etwa einen Meter entfernt vom Ende in die Leine. Diese Länge sollte für den Knoten und die Anwendung aus-reichen.

◀ **2.** Lege die Leine als Bucht um deine die Hüfte. Schlage nun ein Überhandauge gegen den Uhrzeigersinn, indem du die lose Part um die feste legst.

◀ **3.** Wiederhole das mit einer zweiten Wicklung über dem Auge mit der losen Part zu deiner Hüfte.

◀ **4.** Schiebe die lose Part durch die beiden Augen in Richtung fester Part und von deiner Hüfte fort.

◀ **5.** Ordne den Knoten sorgfältig und verändere die Lage des Achtknotens wie nötig.

Tipps

Achte darauf, die Windungen um die feste Part gut anzuziehen und keine Lose zu lassen, damit der Knoten auf- und zugeschoben werden kann. Auch dieser Knoten ist nicht für Materialien mit hoher Reibung geeignet.

Übliche Anwendungsgebiete

• Klettern
• Freiluftsport
• Allgemeiner Gebrauch

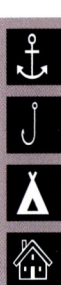

Achtknotenschlinge

Sie wird besonders von Feuerwehrleuten geschätzt und ist bei Kletterern und Anglern ein absolutes Muss. Die Achtknotenschlinge ist sehr schnell gemacht, sehr sicher und kann nach nicht zu allzu hoher Belastung auch gut geöffnet werden. Sie stammt vom Achtknoten ab, nutzt aber eine Bucht, die den Knoten zur Schlinge macht.

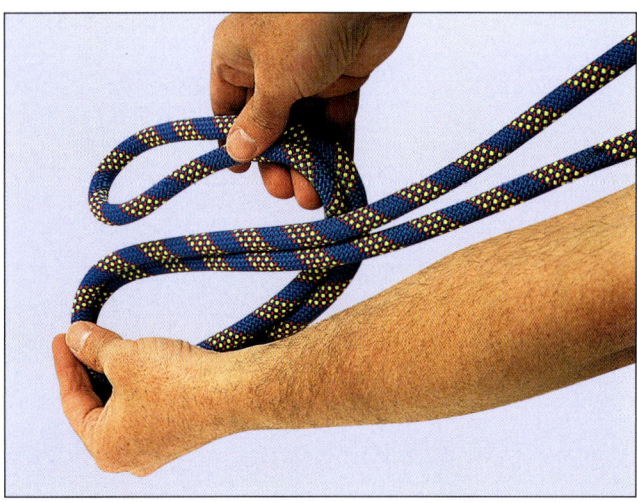

▲ **1.** Bilde eine Bucht von mindestens 25 cm Länge (oder 20 d) dort, wo die Schlinge entstehen soll. Fange damit an, dass du die Bucht hinter der festen Part gegen den Uhrzeigersinn herumlegst.

▲ **2.** Als Nächstes lege die Bucht vor der festen Part vorbei wieder nach hinten.

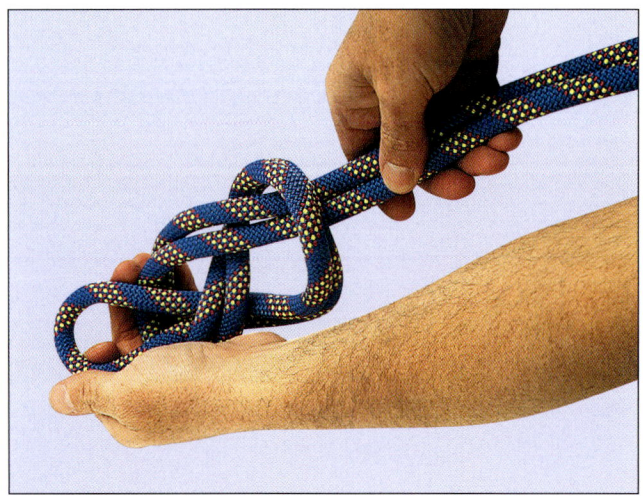

▲ **3.** Stecke die Bucht durch das entstandene Auge und ordne den Knoten; achte darauf, dass parallele Teile sich nicht kreuzen.

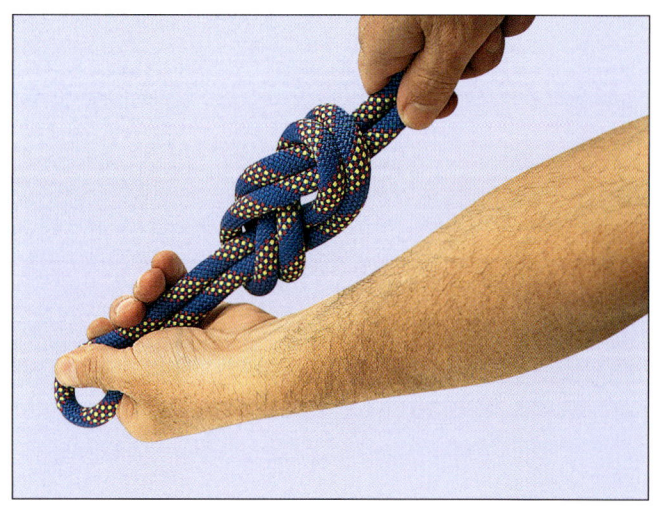

▲ **4.** Zieh den Knoten zu, indem du an der festen Part und an der Schlinge ziehst.

Tipps

Lass den Schlingenknoten nach dem Befestigen eines Sicherheitsgurtes oder eines Karabinerhakens noch lose, damit der Knoten eine Schockbelastung besser aufnimmt.

Übliche Anwendungsgebiete

- Segeln
- Angeln
- Freiluftsport
- Allgemeiner Gebrauch

Achtknotenschlinge mit drei verstellbaren Schlingen

Wo eine einzelne Schlinge in einem Achtknoten nützlich ist, können drei noch besser sein! Dieser Schlingenknoten nutzt die Haltbarkeit des Achtknotens mit einer einfachen Ergänzung, um einen Fächerknoten für mehrere Anker oder beim Angeln drei Möglich- keiten für Blinker und Vorfächer bieten zu können. Die Stärke dieses Knotens liegt darin, dass er gleichzeitig Belastungen in drei Richtungen aufnehmen kann, seine sich selbst verstellenden Schlingen nehmen die Last auf und verteilen sie gleichmäßig.

◀ 1. Bilde eine Bucht von mindestens 25 cm (oder 20 d) dort, wo die Schlingen gebraucht werden. Beginne damit, die Bucht hinter der festen Part herum zu einem Unterhandauge gegen die Uhr zu legen.

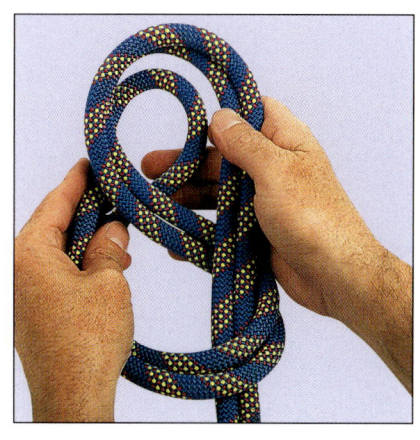

◀ 2. Als Nächstes lege die Bucht vor der festen Part herum wieder nach hinten, bereit, um durch das erste Auge geführt zu werden.

◀ 3. Stecke die Bucht durch das Auge und ordne den Knoten, achte darauf, dass die Teile sich nicht kreuzen. Ziehe die Bucht so weit hindurch, dass genü- gend Länge für die drei Schlingen bleibt.

◀ 4. Öffne das Haupt- auge, klappe es hinter die Bucht, sodass sich zwei neue Augen bilden, und stecke deren untere Verbindung durch das Auge des Achtknotens.

◀ 5. Ziehe die Mitte der neuen Bucht nach oben und verstelle die Schlingengröße wie gewünscht.

Tipps

Wenn du die Lage des Achtknotens in Schritt 3 festlegst, drehe gleichzeitig die doppelt liegenden Parten, um ein Vertörnen zu verhindern.

Übliche Anwendungsgebiete

- Angeln
- Freiluftsport
- Klettern

Doppelte Achtknotenschlinge

Das Besondere dieses Knotens ist seine Sicherheit; er ist fest und erlaubt einem Kletterer, sich problemlos mit zwei unabhängig belasteten Karabinerhaken einzupicken. Höhlenforscher nennen ihn »Bunny Ears« (Häschenohren) und er kann als Gabel genutzt werden, mit einer Schlinge am Kletterer und der anderen am Sicherungspunkt. Er ist ein wenig dicker als der Doppelte Palstek (S. 43) und leichter zu stecken und zu öffnen. Es hat also Vorteile, diesen erweiterten Achtknoten zu erlernen.

◁ **1.** Lege eine Bucht in die Leine. Bilde mit der Bucht ein Unterhandauge gegen den Uhrzeigersinn.

◁ **2.** Lege das Ende der Bucht wie am Anfang des Achtknotens über die feste Part.

◁ **3.** Lege die Bucht hinter das Auge, aber ziehe sie nicht durch.

◁ **4.** Greife mit der linken Hand durch die Bucht und ergreife durch das zuerst gebildete Auge den Teil derselben Bucht, der hinter dem Auge liegt.

◁ **5.** Ziehe diesen Teil hindurch und lasse dabei die Bucht von deiner Hand gleiten. Ordne die Buchten zu Schlingen. Schiebe die letzte, herübergelegte Bucht über den ganzen Achtknoten, sodass sie hinter der letzten Windung des ersten doppelten Auges über der festen Part liegt.

◁ **6.** Ordne den Knoten und achte darauf, dass die Parten parallel verlaufen und dass die Schlingen die notwendige Größe haben. Ziehe den Knoten zu, indem du an der festen Part und den beiden Schlingen ziehst.

Tipps

Der Knoten sieht recht schwierig aus, aber wenn du beharrlich bist, wirst du merken, dass er einfacher zu machen ist als der Doppelte Palstek.

Übliche Anwendungsgebiete

• Klettern   • Freiluftsport

Zurückgesteckte Achtknotenschlinge

Zurückstecken ist die Technik, einen Knoten in sich selbst zurückzuführen. Die Zurückgesteckte Achtknotenschlinge beruht darauf, die Acht durch Zurückführen der Leine zu verdoppeln. Er kann sehr nützlich sein, wenn ein Sicherheitsgurt befestigt werden soll. Er hat nach Äußerungen der Höhlenforscher 80% der Bruchfestigkeit der Leine, wirklich ein haltbarer Knoten. Der gesicherte Kletterer kann sich darauf verlassen, dass dieser Knoten hält.

◀ **1.** Wähle einen Punkt etwa einen Meter vom Ende der Leine und mache dort einen losen Achtknoten (S. 25).

◀ **2.** Stecke die lose Part durch den Sicherheitsgurt oder eine Befestigungsöse und beginne der festen Part zurück zu folgen.

◀ **3.** Achte darauf, dem bestehenden Achtknoten innen zu folgen, sodass die Leine der festen Part außen am fertigen Knoten liegt.

◀ **4.** Stelle sicher, dass die Parten parallel zueinander liegen und dass das übrige lose Ende mindestens 20 d lang ist.

◀ **5.** Ordne den Knoten so, dass alle Leinen sauber parallel zueinander liegen, ziehe dann den Knoten von beiden Seiten gleichzeitig fest.

Tipps
Achte darauf, die endgültige Schlinge so klein wie möglich zu halten, damit sie nirgendwo hängen bleibt.

Übliche Anwendungsgebiete
• Klettern   • Freiluftsport

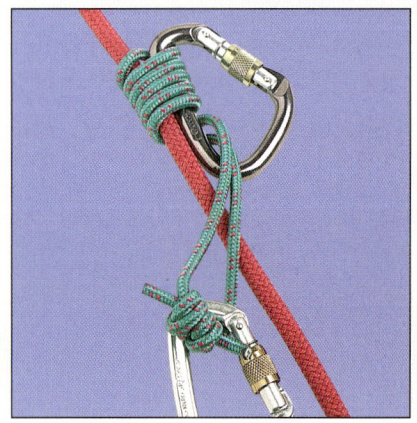

Steks

Steks werden benutzt, um eine Leine an einem Gegenstand wie einem Ring, einem Tau oder einer Schiene zu befestigen, wo der Gegenstand in der Struktur des Knotens keine andere Rolle spielt als einen Haltepunkt zu bilden. Steks wirken in unterschiedlichen Winkeln, aber sie bieten immer eine sichere Befestigung.

Versuche haben gezeigt, dass zwei Halbe Schläge, die in ein Tau gemacht werden, zu einem höchst befriedigenden Ergebnis führen, weil der Knoten leicht geöffnet werden kann, auch wenn er unter hoher Belastung steht.

Raoul Graumont, 1945

Steks gibt es für viele Zwecke und in vielen Varianten, sie unterscheiden sich als Knotenfamilie von Ansteck- und anderen Knoten dadurch, dass sie mit den befestigten Gegenständen durch Reibung verbunden sind. Steks erfordern dazu meistens mehrere Rundtörns um diese Gegenstände. Wenn diese nicht möglich sind, werden Schläge um die eigene feste Part erforderlich, die stattdessen die Reibung zwischen den sich kreuzenden Teilen der Leine erhöhen. Kantige Gegenstände können die Leine beschädigen oder zu Kinken und Überlastung führen. Um solch eine Beschädigung zu vermeiden, können Unterlagen aus steifem Segeltuch oder Leder helfen, die Last zu verteilen.

Ankerstek

Er wird auch Roringstek oder Fischerstek genannt. Seine Sicherheit basiert auf der Tatsache, dass er sich selbst festzieht und nicht nur den Ring bekneift, an dem er angebracht wird. Diese Art des Fest-

ziehens erlaubt es den beiden Parten der Leine, sich um den Ring zu drehen ohne zu scheuern.

▲ **1.** Schlage mit der losen Part einen ganzen Rundtörn um den Ring oder den Schäkel. Lege dann einen Finger am Ring entlang, damit dort ein Abstand bleibt, und …

▲ **2.** … lege die lose Part um die feste Part. Stecke sie durch die Lücke, wo du den Finger aus dem Stek herausgezogen hast, so entsteht ein Halber Schlag um den Rundtörn.

▲ **3.** Lege die lose Part parallel zurück zur festen Part, um diese herum und mache einen zweiten Halben Schlag.

▲ **4.** Ziehe den Stek so dicht wie erforderlich an den Ring. Ordne die Halben Schläge und ziehe sie fest.

Tipps

Dieser Stek erfordert kaum Kontrolle, wenn er z. B. an einem Anker angebracht ist, die lose Part sollte dann aber zu noch höherer Sicherheit an der festen Part beigebändselt werden.

Übliche Anwendungsgebiete

• Segeln
• Freiluftsport
• Allgemeiner Gebrauch

Bachmann-Knoten

Der Bachmann-Knoten ist ein Stek und kein Knoten, weil er benutzt wird, um eine Leine an einem Tau zu befestigen. Dieser Stek nutzt die Reibung und ein zweites Objekt, einen Karabiner, um einen aufsteigenden Kletterer an einem Tau zu sichern. Mehr noch als sich auf den mechanischen Vorteil zu verlassen macht dieser Stek Gebrauch von verfügbarem Gerät, um zusätzliche Reibung beim Aufstieg eines Kletterers zu erzielen. An nassen und trockenen Tauen ist er gleichermaßen brauchbar, bei Kletterern und Bergsteigern ist er ein Favorit und auch andere können ihn gut gebrauchen.

◁ **1.** Mache mit dem Doppelten Englischen Knoten (S. 94) eine Schlinge, vorzugsweise in 6-mm-Gummistropp. Hänge die Schlinge in einen Karabinerhaken und halte den doppelten Stropp an die Aufstiegsleine.

◁ **2.** Lege diese doppelte Part, je nach der erforderlichen Reibung, vier oder fünf Mal um die Leine und wickle dabei den Schenkel des Karabiners mit ein.

◁ **3.** Um den Karabiner an seinem Platz zu halten, ziehe die Schlinge nach unten, bis der zweite Karabiner den Zug nach unten aufnimmt.

◁ **4.** Um die Reibung zu lösen, drücke den Karabiner nach oben, damit löst er sich so weit von der Leine, dass er nach oben geschoben werden kann.

◁ **5.** Der zweite Karabiner zieht den Stek nach unten fest.

Übliche Anwendungsgebiete

- Klettern
- Freiluftsport

Tipps

Für die meisten Anwendungsbereiche dieses Knotens werden mindestens 60 cm Gummistropp von 6 mm Durchmesser und Karabiner je nach Zweck gebraucht. Nimm Karabiner, die sich öffnen lassen, und wende diesen Stek nur zum senkrechten Aufstieg an, nicht für horizontale Bewegungen. Achte darauf, das der belastete Doppelte Englische Knoten (S. 94) am Ende des Gummistropps liegt.

Webeleinstek

Dieser sehr brauchbare Stek tritt in vielen Formen auf und hat unterschiedliche Namen; u. a. ist er als Mastwurf bekannt. Er ist die Grundlage für einige andere Knoten, Verbindungen und Steks und ist besonders nützlich, wenn ein loses Ende gesichert werden soll. Er wird von Seglern, Kletterern und Campern gebraucht und kann auf viele Arten gemacht werden, mit einer oder mit beiden Händen. Wird er über eine Spiere oder einen Pfahl gesteckt, neigt er dazu, sich bei Drehung zu lösen. Wenn du ihn anwendest, versuche beide Enden zu belasten, damit er sicher hält. Probiere auch die Varianten aus, um deinen Favoriten zu entdecken.

Beidhändig, mit der losen Part um die Mitte einer Spiere oder einer Leine

 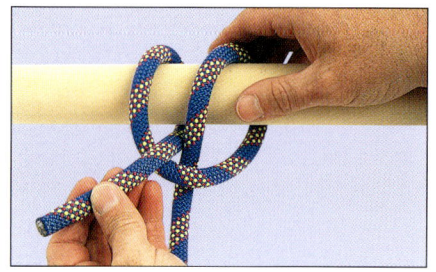 

▲ **1.** Lege eine Leine über die Spiere und bringe sie an einer Seite der festen Part wieder nach oben. Kreuze die lose Part diagonal über die feste Part und bilde so ein »X« auf der Spiere.

▲ **2.** Lege die lose Part noch einmal um die Spiere. Stecke sie unter dem Teil hindurch, der die Leine kreuzt. Du solltest nun zwei parallele Windungen haben und eine, die über den parallelen Windungen liegt.

▲ **3.** Ziehe den Stek an beiden Parten fest, damit die kreuzende Windung die parallelen bekneift.

Tipps
Die lose Part kann zu Beginn an jeder Seite der festen Part vorbeilaufen – achte aber darauf, dass du in der anderen Richtung die Leine kreuzt. Um ihn auf Slip zu setzen, ziehst du zum Schluss statt der losen Part eine Bucht hindurch, dann lässt dieser Stek sich schnell öffnen.

Beidhändig, in der laufenden Leine um das Ende einer Spiere oder einen Poller

▲ **1.** Lege ein Unterhandauge gegen den Uhrzeigersinn. Mache es groß genug, um über die Spiere oder den Poller zu passen.

▲ **2.** Lege ein zweites Auge, genau wie das erste, und halte es seitlich fest.

▲ **3.** Ohne ein Auge zu verdrehen lege das zweite Auge über das erste. Nun erkennst du die Kreuzung vor dir, die parallelen Teile liegen von dir fort.

Tipps
Kreuze die Hände vor dir. Ergreife die Leine und nimm die Hände wieder nebeneinander, halte die Leine dabei fest. Hattest du die rechte Hand dichter am Körper, dann lege beide Augen in die rechte Hand. War es die linke, dann in die linke Hand. Mit beiden Augen in der Hand ist der Stek fertig, um über den Poller gelegt zu werden.

Übliche Anwendungsgebiete
- Segeln
- Klettern
- Freiluftsport
- Allgemeiner Gebrauch

Einhändig, mit einem Auge um einen Pfahl oder eine Spiere

◀ **1.** Lege die Leine als Auge über das Ende einer Spiere oder eines Pfahls, auf diesem Foto mit der losen Part zu dir hin.

◀ **2.** Greife mit der rechten Hand, Finger nach oben, an die lose Part und drehe sie dann so, dass der Daumen oben liegt.

◀ **3.** Lege das so entstandene zweite Auge über die Spiere.

◀ **4.** Ziehe den Stek an beiden Parten fest zu.

Tipps

Der Webeleinstek und der Kopfschlag auf der Klampe haben die gleiche Struktur. Letzterer hat mit der festen Part eine zusätzliche Windung um den Mittelteil der Klampe. Achte darauf, dass beim fertigen Knoten zwei Windungen parallel liegen und von einer gekreuzten bekniffen werden.

Übliche Anwendungen

- Segeln
- Klettern
- Freiluftsport
- Allgemeiner Gebrauch

Einhändig, in der laufenden Leine an einem Karabiner

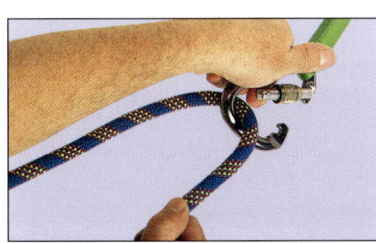

◀ **1.** Öffne den Karabinerhaken und lege die Leine so hinein, dass die feste Part direkt vor dir liegt und die lose Part rechts ist.

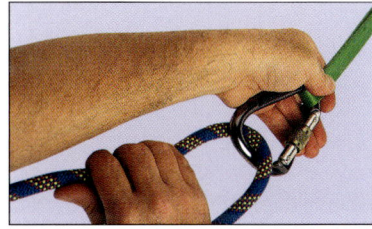

◀ **2.** Halte die linke Part mit der rechten Hand, Handrücken nach oben, Daumen nach links.

◀ **3.** Drehe die rechte Hand im Uhrzeigersinn und forme so ein Überhandauge gegen den Uhrzeigersinn.

◀ **4.** Lege das Auge in den Karabiner und lass die feste Part mit der diagonalen bekneifen. Ziehe den Knoten an beiden Parten fest und schließe den Karabiner.

Tipps

Wenn du nur eine Part dieses Steks belastest, mache einen Stopperknoten dicht an der Diagonalen oder lege zwei Halbe Schläge um die belastete Part, damit ein Durchziehen verhindert wird.

Übliche Anwendungsgebiete

- Segeln
- Klettern
- Freiluftsport
- Allgemeiner Gebrauch

61

Spierenstek

Im *ABDK* (Nr. 1687) wird der Spierenstek einfach als Zierknoten abgetan, ohne einen Namen zu erhalten. Er wird als Stek gezeigt, der mit einem Überhandknoten beendet wird, der rechtwinklig zur Spiere belastet werden kann. Andere Autoren, wie Geoffrey Budworth, haben herausgefunden, dass er in jeder Richtung auch für Schoten angewendet werden kann. Meine eigenen Versuche an großen und kleinen runden Spieren bekräftigen diese Ansicht; der

Stek hält jedoch an Spieren mit rechteckigem Querschnitt weniger gut. Ein wenig Vorsicht ist angebracht – verlass dich nicht auf diesen Stek, wenn du die Großschot am Baum befestigen willst und nicht weißt, wie du ihn schnell neu machen kannst! Der Stek ist gut geeignet, teure Beschläge zu vermeiden, und kann schnell und einfach gesteckt werden, zusammen mit ein paar Halben Schlägen kannst du mit ein wenig Vorsicht mit ihm leichte Spieren hieven.

◁ **1.** Lege die lose Part über die Spiere, bringe sie herum und kreuze sie vorn mit der festen Part.

◁ **2.** Lege die lose Part noch einmal so herum, dass sie rechtwinklig zur ersten Wicklung liegt.

◁ **3.** Lege die lose Part ein drittes Mal herum und kreuze sie vorn mit der festen Part von rechts nach links. Du kommst damit wieder ganz nach links von den sich kreuzenden Wicklungen.

◁ **4.** Lege die lose Part zum vierten und letzten Mal herum, dieses Mal links von der festen Part.

◁ **5.** Kreuze die letzte Wicklung (vor der Spiere) mit der losen Part. Stecke sie nun unter der vorhergehenden Wicklung durch, um den Stek zu schließen. Ziehe ihn an beiden Parten fest.

Tipps

Ashleys letzter Zusatz, einen Überhandknoten an der losen Part zu machen, ist eine gute Idee, wenn der Stek sich über der Spiere drehen soll. Sollte der Stek slippen, versuche mit Klebeband um die Spiere die Reibung zu erhöhen.

Übliche Anwendungsgebiete

• Segeln   • Allgemeiner Gebrauch
• Freiluftsport

Riggerstek

Er wird oft mit dem Stopperstek verwechselt, weil beide auf die gleiche Art gemacht werden. Aber der Riggersteks bekneift sich so, dass er in keine Richtung rutscht oder sich bewegt. Ich habe diesen Stek von einem Meisterrigger gelernt und möchte, dass er an heranreifende Knotenmacher weitergegeben wird. Weil seine Festigkeit durch das Biegen oder Knicken der Leine, an der er gemacht wird, begründet liegt, sollte dieser Stek an Spieren oder festen Gegenständen nur sparsam gebraucht werden, er wirkt viel besser, wenn er auf einer anderen Leine liegt.

◁ **1.** Lege die Leine, in die der Stek gemacht werden soll, über das Tau.

◁ **2.** Mache einen Rundtörn um das Tau. Die Richtung der späteren Belastung liegt hier links von der Leine.

◁ **3.** Mache eine zweite Windung, aber dieses Mal führe die Leine über die erste Windung, sodass sie die erste kreuzt und dann rechts liegt.

◁ **4.** Lege die lose hinter die feste Part der Leine und kreuze sie wie beim Webeleinstek (S. 60).

Tipps

Um die Leine schnell wieder loswerfen zu können, mache das letzte Durchstecken mit einer Bucht. Dann brauchst du nur an der losen Part zu ziehen und der Knoten öffnet sich.

Übliche Anwendungsgebiete

• Segeln
• Freiluftsport

Stopperstek

Der Stopperstek, manchmal auch Rollstek genannt, darf nicht mit dem Riggerstek verwechselt werden, der ganz ähnlich aussieht. Der Stopperstek hält gut, wenn er in eine Leine gemacht wird, die dünner ist als das Tau, um das er gemacht wird. Ashley bemerkt dazu, dass dieser Stek (Nr. 1734) gut um eine Spiere gemacht werden kann und eine Alternative zum Riggerstek (Nr. 1735) ist, wenn er um ein Tau gesteckt wird. Hier wird die übliche Machart gezeigt, die gute Haltbarkeit bietet, wenn der Stek um ein Tau liegt.

▲ **1.** Lege die Leine so um das Tau, dass die lose Part von der späteren Zugrichtung abgewandt ist.

▲ **2.** Mache eine zweite Windung daneben und kreuze dann lose Part diagonal mit der ersten Windung und der festen Part in Richtung der Zugrichtung, so werden beide Windungen bekniffen.

▲ **3.** Stecke die lose Part der Leine nach einem Rundtörn um das Tau unter der Diagonalen von unten nach oben durch.

▲ **4.** Ordne die Windungen und ziehe den Stek zu. Ziehe an der festen Part nach links, um Zug auf die Leine zu geben.

Tipps

Dieser Stek eignet sich gut, um den Zug von einer Schot zu nehmen, die auf einer Winsch einen Überläufer fabriziert hat. Mache den Stopperstek mit einer Hilfsleine einfach vor dem Überläufer auf der Schot. Bringe mit einer zweiten Winsch Zug auf die Hilfsleine, dann kannst du die Schot von der Winsch lösen. So kannst du auch ohne eine Unterbrechung in einer Wettfahrt weitersegeln.

Anwendungen

· Segeln
· Freiluftsport
· Allgemeiner Gebrauch

Gordingstek

Der Gordingstek ist einer der Knoten, die aus der Zeit der Rahsegler überlebt haben. Heute wird er seltener zum Hochbinden eines Segels an die Rah benutzt, eher zum Festbinden einer Leine an einem Ring oder einer dünnen Spiere. Seine Stärke ist, dass er sich nicht losschütteln lässt. Er ist deshalb sehr brauchbar, um ein Cockpitzelt oder Vordach an einem Haltepunkt zu befestigen oder einen laufenden Block zu sichern.

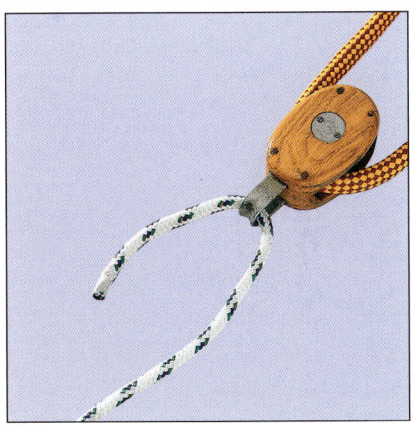

◀ **1.** Stecke die lose Part von unten um den Haltepunkt.

◀ **2.** Kreuze mit der losen Part die feste von links nach rechts und stecke sie dann unter der festen Part hindurch. Damit beginnst du einen Webeleinstek um die feste Part.

◀ **3.** Kreuze die feste Part noch einmal mit der losen, dabei läuft diese diagonal über die erste kreuzende Windung.

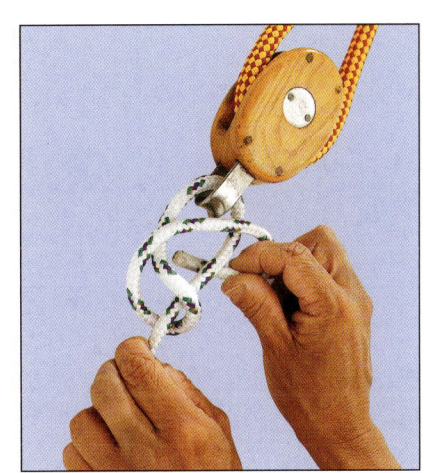

◀ **4.** Stecke die lose Part noch einmal von rechts nach links hindurch. Achte darauf, dabei nicht die erste Windung zu bekneifen.

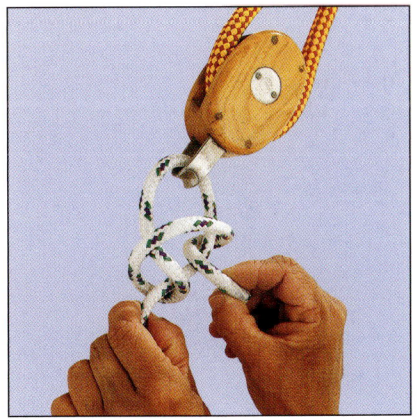

◀ **5.** Ziehe den Webeleinstek fest und schiebe dann den Gordingstek in Richtung Haltepunkt.

Tipps

Lass ein Ende von mindestens 12 d übrig oder sichere es mit einem Überhandknoten (S. 24).

Anwendungen

• Segeln
• Freiluftsport
• Allgemeiner Gebrauch

Kuhstek

Dieser Stek hat wohl im Englischen die meisten Namen: Cow Hitch, Lark's Head, Lanyard Hitch, Bale Sling Hitch, Ring oder Tag Hitch sind einige davon. Den Namen Lark's Head, Lerchenkopf, hat er, weil er ein wenig wie der Kopf einer Lerche aussieht, vielleicht aber auch, weil er um die Beine von Lerchen geschlungen wurde, als diese noch gejagt wurden. Als Kuhstek wurde er in der Landwirtschaft bezeichnet, wo er beim Anpflocken des Viehs benutzt wurde. Lanyard Hitch (Zeisingstek) hieß er, weil er beim Aufbinden eines Segels zur Anwendung kam. Bale Sling Hitch (Ballenstek) ist der Name im Hafenbereich beim Verladen von Fracht, dort findet man auch die Bezeichnung Ringstek beim Festmachen. Als Tag Hitch, Schiffchenstek, wird er bei einfachen Klöppelarbeiten benutzt, wenn statt vieler Spulen nur ein Schiffchen verwendet wird. Der Stek kann mit einer losen Part gemacht oder in der laufenden Leine durch einen Ring oder um eine Spiere gesteckt werden und ist deshalb ein brauchbarer Knoten.

Stecken mit der losen Part

▲ **1.** Stecke die lose Part durch den Ring, an dem die Leine befestigt werden soll. Lege die lose Part an eine Seite der festen Part.

▲ **2.** Führe die lose Part vor der festen vorbei und stecke sie von hinten durch den Ring.

▲ **3.** Stecke die lose Part parallel zu der festen Part unter sich selbst durch. Ziehe den Stek an beiden Parten fest.

Stecken in der laufenden Leine

▲ **1.** Bilde eine Bucht und lege sie hinter die Spiere.

▲ **2.** Öffne die Bucht und lege sie über die Vorderseite der Spiere. Ziehe dann beide Parten durch die Bucht.

▲ **3.** Ziehe den Stek an beiden Parten zu.

Tipps

Der Stek ist sehr vielseitig, probiere selbst aus, welche Machart dir liegt. Ich habe ihn schon benutzt, um eine Schnur am Drachen zu befestigen, ein Vorsegel an Deck zu sichern, eine Schot am Schothorn anzubringen und als Teil eines Zaubertricks vor Kindern.

Anwendungen

• Segeln
• Freiluftsport
• Allgemeiner Gebrauch

Pedigree-Kuhstek

Auch wenn der Name (pedigree = Stammbaum, Zucht) vermuten lässt, dass er nur einer Anwendung dient, lass dich nicht davon abhalten, ihn zu unterschiedlichen Zwecken zu benutzen. Sein Wert liegt darin, dass er sich kaum löst, wenn er von einer an nur einem Ende angebundenen Kuh um einen Pfahl gedreht wird. Er wird sich festziehen, ganz gleich, in welcher Richtung gezogen wird, pass also auf! Der Zug auf diesen Stek kann aus jeder Richtung erfolgen. Ich habe ihn angewendet, um Besen am Stiel aufzuhängen – diesen Stek um den Stiel, das andere Ende der Leine durch ein Loch in einer Leiste geführt und mit einem Stopperknoten gesichert.

▲ **1.** Mache einen Kuhstek (S. 66) und nimm das kürzere Ende als lose Part.

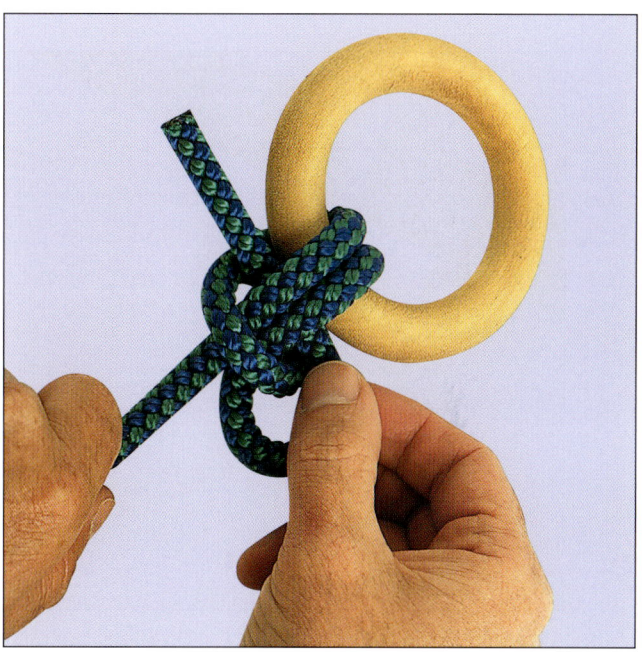

▲ **2.** Stecke die lose Part zwischen dem Ring und dem Auge hindurch.

▲ **3.** Ziehe die lose Part fest, um den Stek zu sichern.

Übliche Anwendungsgebiete

- Segeln
- Freiluftsport
- Allgemeiner Gebrauch

Achtknoten-Stek

Dieser leicht zu steckende Stek kann sehr unterschiedlich benutzt werden. Kletterer nutzen ihn, um einen Seilbunsch am Gurt zu sichern, Segler befestigen damit eine Spiere, Angler sichern mit ihm das Vorfach an einer Schlinge, und er kann noch zu vielen anderen Zwecken eingesetzt werden. Die Sicherheit dieses Steks hängt damit zusammen, dass die lose Part sich selbst bekneift und gegen die Spiere oder den Ring gepresst wird. Benutze eine Leine, die dünner ist als die Spiere oder der Ring, an dem sie halten soll, um die Last so gut wie möglich zu verteilen. Dreht sich dieser Stek, dann hält er nicht so gut, wende ihn also mit Bedacht an. Die Belastung sollte nur im rechten Winkel zum Stek erfolgen.

▲ **1.** Lege die Leine über die Spiere oder durch den Ring und führe die lose Part an der festen vorbei nach oben.

▲ **2.** Führe die lose Part über die feste und lege sie hinter der festen Part herum, um einen Achtknoten zu beginnen. Vervollständige den Achtknoten, indem du die lose Part zwischen dem Auge und der Spiere oder dem Ring hindurch steckst. Lass etwa 12 d der Leine aus dem Stek herauskommen.

▲ **3.** Ziehe den Stek an der festen Part zu.

Tipps

Um ihn sicherer zu machen, füge in der losen Part noch deinen Lieblings-Stopperknoten (Kap. 2) hinzu.

Übliche Anwendungsgebiete

- Angeln
- Klettern
- Freiluftsport
- Allgemeiner Gebrauch

Französischer Prusik-Knoten

Man glaubt, dass dieser Stek kurz vor 1980 von einem französischen Kletterer namens Machard erfunden wurde. Er ist zunächst als Machard Tresse bezeichnet worden, erhielt dann aber die Bezeichnung Französischer Prusik, weil er aus Frankreich stammt und (ein wenig) an einen Prusik erinnert. Aber der Stek wurde schon im *Bluejacket's Manual* der US Navy von 1917 als »Strop on a Rope« (Stropp an einem Tau) beschrieben und wurde zum Einhängen eines Hebe- oder Zuggeschirrs benutzt. Er ist deshalb vielleicht doch nicht ganz

so neu. Er wird auch Autoblock oder JB-Knoten genannt und von vielen als gute Abseilhilfe bezeichnet. Weil der Stek auch unter Last gelöst werden kann, solltest du ihn nur mit Vorsicht und nach vielem Üben benutzen. Er ist einfach zu stecken, hier wird er mithilfe eines Karabiners gezeigt, aber er kann auch mit anderen Hilfsmitteln benutzt werden. Die Verwendung von Gurten vergrößert die Einsatzfähigkeit dieses Steks; er kann außerdem zur Sicherheit mit zusätzlichen Wicklungen gemacht werden.

▲ **1.** Forme in einen Gummistropp mit einem Doppelten Englischen Knoten (S. 94) eine Schlinge und lege sie mit einem Rundtörn um das Tau.

▲ **2.** Wickle das verknotete Ende drei- oder mehrmals weiter um die Leine.

▲ **3.** Lege den verknoteten Teil der Schlinge zurück zum anderen Ende der Schlinge unterhalb der Wicklungen, sodass du den Karabiner in beide einhaken kannst.

▲ **4.** Ziehe den Stek fest, bis sich Kinken in das Tau legen. Von oben her kann der Stek nach unten verschoben werden. So kann man ihn in die gewünschte Position bringen.

Tipps

Gebrauche diesen Stek nicht, wenn die Leine nass oder vereist ist. Der Durchmesser des Gummistropps sollte geringer sein als der des Taus, aber groß genug, um die erforderliche Last aufzunehmen. Zur Sicherheit sollte immer eine zweiter Befestigungspunkt neben der Leine vorhanden sein.

Übliche Anwendungsgebiete

• Segeln
• Klettern
• Freiluftsport

Gestreckter Französischer Prusik-Knoten

Er wurde kurz nach 1980 von dem forensischen Knotenspezialisten Robert Chisnall erfunden und macht es möglich, schmales Gurtband zu benutzen, ohne eine Schlinge zu knoten. Das Prinzip dieses Steks ist es, einerseits genügend Reibung zu behalten und andererseits die Reibung, wenn nötig, aufzuheben und den Kno-ten an die gewünscht Stelle zu verschieben. Er rutscht, wenn er mit Gurtband gemacht ist, bis er auf der Leine wieder genug Reibung aufgebaut hat, und bleibt dort fest, weil ein leichter Kinken in die Leine(n) kommt, in dem er hält.

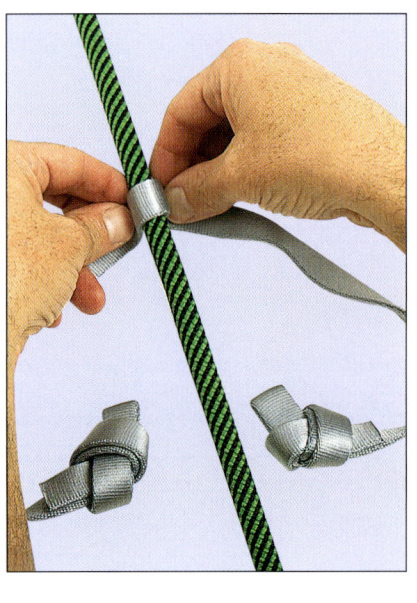

◄ **1.** Mache in beide Enden des Gurtbandes einen Überhandknoten mit Schlinge (S. 49). Für eine 11-mm-Leine sollte die Länge für drei Rundtörns mindestens 60 cm sein. Beginne das Gurtband mit seiner Mitte um die Leine zu wickeln.

◄ **2.** Lege abwechselnd Rundtörns um die Leine und halte die dabei entstehenden Rhomben zwischen den aufeinander folgenden Rundtörns so klein wie möglich.

◄ **3.** Fahre fort, Rundtörns zu legen; achte darauf, das die Windungen immer entgegen dem vorherigen Rundtörn liegen und dass auf jeder Seite der Leine das gleiche Ende oben bzw. unten ist.

◄ **4.** Stecke die beiden Schlingen der Überhandknoten, die die Last aufnehmen, in den geöffneten Karabiner. Die Schlingen sollen dabei so eng wie möglich an der Leine liegen, mache also noch weitere Rundtörns, wenn nötig.

Tipps

Der Stek kann bei Entlastung verschoben werden, wenn man den ganzen Knoten mit einer Hand umgreift und in die gewünschte Richtung schiebt.

Übliche Anwendungsgebiete

• Klettern   • Allgemeiner Gebrauch
• Freiluftsport

Gaffeltoppsegelfallstek

Das Gaffeltoppsegel ist das Segel, das bei einem schonergetakelten Schiff zwischen Masttopp und Gaffel gesetzt wird und über dem Vor- oder Großsegel steht. Die frühen Gaffeltoppsegel waren ungleichseitige Vierecke und wurden mit einer eigenen Gaffel gesetzt. Ihr Unterliek war an der Gaffel des Vor- oder Großsegels befestigt. Bei späteren Versionen entfiel die eigene Gaffel und das

Segel wurde dreieckig. Dieser sichere Stek wurde benutzt, um die obere Gaffel zu setzen und zu halten, die bei leichten Winden angebunden und nach oben gebracht wurde. Heute wird er benutzt, um mit einem einfachen und schnell gemachten Stek eine Spiere oder einen Ring zu befestigen.

▲ **1.** Lege die lose Part von hinten über die Spiere.

▲ **2.** Mache anderthalb Rundtörns an einer Seite der festen Part.

▲ **3.** Prüfe, an welcher Seite der Rundtörn gemacht wurde (Schritt 2), und lege die lose Part hinter der festen aus der gleichen Richtung herum.

▲ **4.** Bringe die lose Part nach oben und stecke sie unter dem Rundtörn hindurch, um den Stek dicht an die Spiere zu bringen.

▲ **5.** Ordne den Stek und ziehe ihn an der festen Part zu, achte darauf, dass die Rundtörns dicht beieinander liegen.

Tipps

Wenn dieser Stek sich dreht, kann er sich lösen. Um das zu verhindern, binde noch deinen Lieblings-Stopperknoten in das lose Ende.

Übliche Anwendungsgebiete

• Segeln
• Freiluftsport
• Allgemeiner Gebrauch

Heddon-Knoten

Geoffrey Budworth zufolge hat Chet Heddon diesen Knoten 1959 erfunden. Er wurde 1960 im *Summit Magazine* veröffentlicht und erhielt 1964 den Namen Kreuzklemme. Kletterer kennen ihn auch als Kreuz-Prusik-Knoten. Beide Namen sagen mehr über die Art des Steks aus als der Name des Erfinders. Der Name Kreuzklemme gibt einen Hinweis darauf, wozu der Knoten gut ist und wie er gesteckt wird. Ein Prusik wickelt sich um die Grundleine, das tut auch dieser Stek, daher die Gleichheit. Ursprünglich wurde er zur Sicherung von Kletterern genutzt, wird aber weitgehend von Riggern eingesetzt und von denen, die hoch oben in der Takelage eines Schiffes arbeiten und mit ihm Halt an der Sicherheitsleine finden.

◀ **1.** Bilde aus Gummi-stropp oder Gurtband (z.B mit dem Doppelten Englischen Koten) eine Schlinge von 30 cm Länge zwischen den Buchten. Lege eine Bucht hinter die Siche-rungsleine und nach vorn zurück.

◀ **2.** Kreuze die andere Part der Schlinge vorn über die erste Bucht und bekneife sie so.

◀ **3.** Lege einen Rundtörn um die Siche-rungsleine und bekneife sie wieder auf ihr.

◀ **4.** Stecke das längere Ende der Schlinge durch die Bucht des kürzeren und ziehe sie fest, sodass deren Ende an der Sicher-heitsleine liegt. Gib Zug auf das freie Ende der Schlinge, um den Knoten zu aktivieren, und lockere ihn, wenn der Stek auf der Sicherungsleine ver-schoben werden soll.

Übliche Anwendungsgebiete

- Segeln
- Klettern
- Freiluftsport
- Allgemeiner Gebrauch

Tipps

Die Zuverlässigkeit dieses Steks hängt von der Reibung auf der Sicherheitsleine ab. Benutze ihn nicht, wenn es nass oder eisig ist. Um die doppelte Variante zu stecken, lege noch einen Rundtörn mit der Schlinge um die Sicherungsleine, bevor der längere Teil der Schlinge durchgesteckt wird.

Räuberstek

Seinen Namen erhielt er, weil Räuber ihn benutzten, um ihre Pferde so anzubinden, dass sie diese im Notfall ganz schnell wieder lösen konnten – bekannt aus Westernfilmen! Er ist auch als Zugstek bekannt, weil das Zugauge, das zuletzt durchgesteckt wird, die Last auf der festen Part gut hält. Der Stek zieht sich gut zusammen und bleibt auch bei Zupfen an der festen Part haltbar. Aus diesem Grund eignet er sich gut, um ein Beiboot in unruhigem Wasser am Kai anzubinden. Lass das lose Ende lang genug, dann ziehst du zum Lösen nur von Bord aus daran, und der ganze Knoten fällt ins Boot. Du brauchst nichts durch einen Ring oder eine Fußreling zu fädeln.

▲ **1.** Lege eine Bucht der Leine hinter die Stange oder den Ring.

▲ **2.** Aus der festen Part, die die Vorleine des Dingis ist, mache eine zweite Bucht vorn und stecke sie von vorn nach hinten durch die erste Bucht.

◀ **3.** Mit der losen Part machst du eine dritte Bucht und steckst sie durch die zweite. Ziehe die zweite Bucht an der festen Part zu.

Tipps

Für zusätzliche Sicherheit stecke mit der losen Part eine vierte Bucht durch die dritte. Dazu muss der Stek am Ende gut geordnet werden.

Übliche Anwendungsgebiete

• Segeln
• Freiluftsport
• Allgemeiner Gebrauch

Klemheist-Knoten

Er ist dem Französischen und dem Gestreckten Französischen Prusik-Knoten ähnlich, ein weiterer Favorit der Kletterer und Bergsteiger.

Trotz Vorlieben für das eine oder das andere Verfahren hat dieser Knoten unter der Mehrheit der Kletterer die Nase vorn. Der Stek kombiniert die Reibung der Rundtörns mit einer Bucht, die die Rundtörns bekneift. Macht man ihn mit einem Gummistropp, ist es einer der Steks zur Selbstrettung, die schon viele Bergsteiger in Sicherheit gebracht haben, wenn sie an einer Hand gehangen haben.

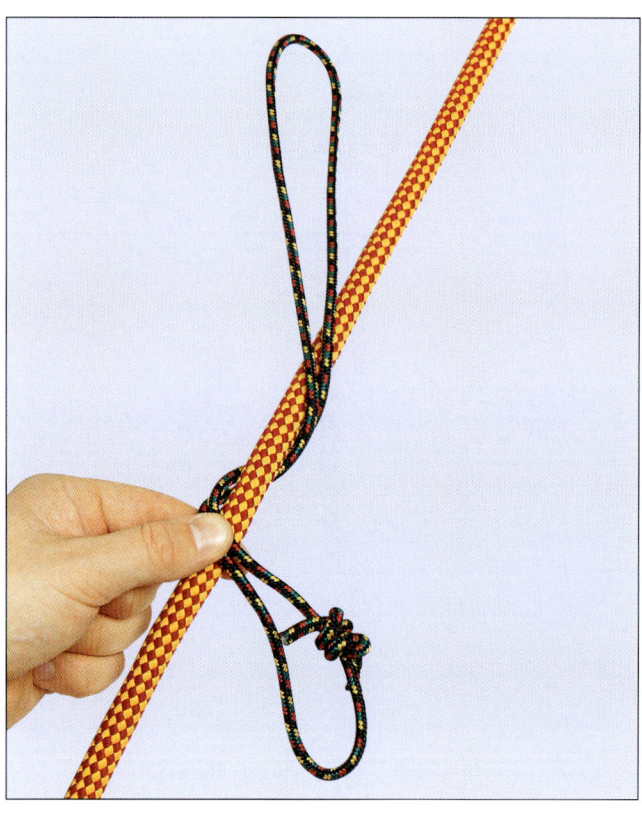

1. Mache mit einem Doppelten Englischen Knoten (S. 94) eine Schlinge in eine 6-mm-Hilfsleine. Wickle die Schlinge um die Sicherheitsleine, nimm dazu den glatten Teil, nicht die Knotenseite.

2. Lege drei Rundtörns und halte die Schlinge vom verknoteten Teil fort.

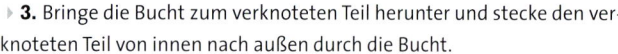

3. Bringe die Bucht zum verknoteten Teil herunter und stecke den verknoteten Teil von innen nach außen durch die Bucht.

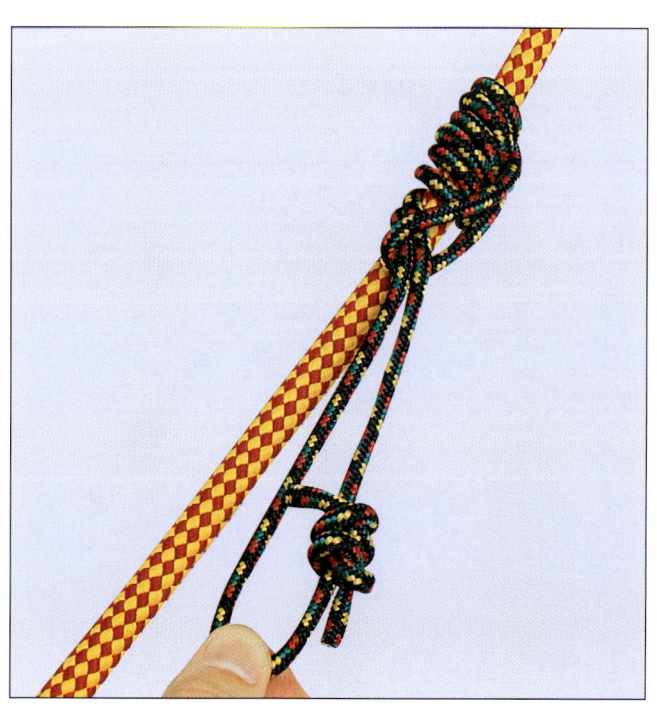

Tipps

Eine bessere Reibung erhält man, wenn man einen Karabiner zwischen den Rundtörns und der Sicherungsleine einsetzt.

Übliche Anwendungsgebiete

• Klettern   • Allgemeiner Gebrauch
• Freiluftsport

Leichterschiffer-Stek

In Kalifornien wird er auch Schlepper-Knoten und vom Autor Gordon Perry Muringstek genannt. Dieser Stek macht es möglich, eine Leine unter Last an einem Ladebaum oder einer Winsch zu befestigen und unter Last zu sichern.

Nach Geoffrey Budworth wurde dieser Knoten von Leichterschiffern auf der Themse zum Festmachen ihrer schaukelnden Boote an den großen Schiffen und am Kai benutzt, wo sie ihre Ladung ein- oder ausluden. Ashley nennt ihn Muringstek mit Kontratörn (Nr. 1759). Wie immer er auch genannt wird, dieser Stek ist besonders geeignet, eine Leine unter Last um einen Pfahl zu legen, mit der die Last langsam herunter- oder hinaufbefördert werden kann.

1. Lege einen Rundtörn im Uhrzeigersinn um einen Pfahl. Je nach Belastung folgen weitere ein bis zwei Rundtörns.

2. Lege eine Bucht in die lose Part und diese gegen den Uhrzeigersinn um die belastete feste Part, sodass die lose Part auf der gleichen Seite bleibt. Hier wird gezeigt, wie die Bucht über die feste Part geführt wird, bevor sie unter die feste Part gelegt wird, dabei hält man sie mit der Hand fest.

3. Lege die Bucht über den Kopf des Pfahls. Ziehe den Stek an der losen Part fest.

4. Mache mit der losen Part einen halben Rundtörn im Uhrzeigersinn um den Pfahl.

5. Wenn es wegen der Belastung nötig ist, wiederhole die Bucht um den Pfahl und den halben Rundtörn, bis die Leine aufgebraucht ist. Beende den Stek, wie hier gezeigt, mit einem halben Schlag um die feste Part.

Tipps

Achte darauf, dass jeder Rundtörn fest liegt, bevor du weitermachst, damit der Stek sich nicht langsam löst. Stelle dich dabei nicht in Richtung der belasteten Leine!

Übliche Anwendungsgebiete

- Segeln
- Freiluftsport
- Allgemeiner Gebrauch

Tidenstek

Ashley nennt ihn Stek für den hohen Pfosten (Nr. 1809). Der Tidenstek (englisch: Mooring Hitch) ist für einen Knotenexperten eine nützliche Ergänzung. Um die Verwirrung bei der Namensgebung komplett zu machen, hat Ashley einen eigenen Mooring Hitch (Nr. 1791), der mit dem hier angesprochenen nichts gemein

hat. Der wesentliche Unterschied ist, dass der Tidenstek vom Boot aus losgeworfen werden kann, ohne an Land gehen zu müssen, eine wichtige Eigenschaft bei großem Tidenhub. Die Leine liegt aber nach dem Loswerfen noch um den Pfahl. Will man das vermeiden, verwende man den Räuberstek (S. 73).

▲ **1.** Lege die lose Part um den Pfahl und bringe sie nach vorn vor die feste Part.

▲ **2.** Bilde in der losen Part ein Auge gegen den Uhrzeigersinn und lege es über die feste Part, lass dabei die lose Part lang.

◄ **3.** Forme in der losen Part eine Bucht. Lege die Bucht von rechts über das Kreuz des Auges, stecke sie dann unter der festen Part hindurch und schließlich über den linken Teil des Auges. Ziehe an der Bucht, um das Auge um die Bucht fest zu schließen.

Übliche Anwendungen

- Segeln
- Freiluftsport
- Allgemeiner Gebrauch

Tipps

Wenn die Vorleine eines Beibootes mit einem Tidenstek an einem Ring am Kai befestigt ist, verschiebe den Stek und ziehe ihn dann wieder fest, um die Tide auszugleichen.

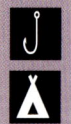

Marlspiekerstek

Mit diesem einfachen Stek kannst du einen zusätzlichen Griff an einer Leine oder Schnur anbringen. Ziehst du direkt an der Schnur, kann sie dir in die Hand schneiden. Einen Marlspieker findest du an deinem Takelmesser oder als einzelnes Werkzeug. Du kannst

jedoch auch jeden länglichen Gegenstand verwenden (Stock, Nagel, Schraubendreher…). Der Stek löst sich sofort, wenn der Marlspieker herausgezogen wird, sodass die Schnur keinen Schaden nimmt.

Tipps

Hast du den Zug beendet, ziehe den Marlspieker heraus und der Stek fällt zusammen.

Übliche Anwendungsgebiete

- Angeln
- Freiluftsport

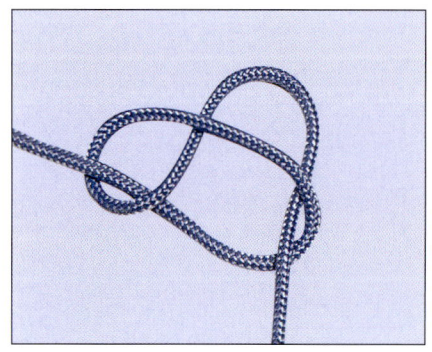

▲ **1.** Binde einen Überhandknoten mit laufender Bucht (S. 24) so in die Leine, dass sie zugezogen werden kann.

▲ **2.** Stecke den Marlspieker hinein und ziehe die Bucht zu. Nun kannst du mit dem senkrecht zur Schnur stehenden Marlspieker an der Schnur ziehen.

Munter-Reibungsknoten

Der Entgegengesetzte Stek von Ashley (Nr. 1851) ist ein Munter-Reibungsknoten mit einem Stopper. Als Italienischer Stek oder Gleitringstek wird er als Sicherungsknoten durch die Union *Internationale des Associations d'Alpinisme* (UIAA) zwar erwähnt, jedoch nicht offiziell anerkannt, besonders nicht fürs Sportklettern, wo viele Abstürze mit ihm bekannt geworden sind. Pit Schubert, Präsident der Sicherheitskommission in der UIAA, hat festgestellt, dass dies eine Bremsschlinge sei und kein Knoten oder Stek, weil er unter Last verrutscht.

Im Deutschen wird er auch Halbmastwurfsicherung oder abgekürzt HMS genannt. Bei Zug auf den losen Teil der Leine wird der Karabiner auf der Leine effizient gestoppt. Der Knoten kann auch beim Abseilen benutzt werden, aber die Leine kann leicht Kinken bekommen und der Mantel der Leine kann verbrennen.

◁ **1.** Lege die aktive Part der Leine (z.B. den Teil, der zum Gurt des Kletterers führt, hier im Foto oben rechts) über und nach unten durch die Öffnung des Karabiners. Der Karabiner sollte schon vorher am Sicherungspunkt befestigt worden sein (hier unten links).

◁ **2.** Ergreife die aktive Part der Leine mit dem Handrücken zum Körper und drehe sie so, dass der Handballen zu dir zeigt. Es entsteht, wie hier gezeigt, ein Überhandauge im Uhrzeigersinn.

◁ **3.** Lege das Auge über den Haken des geöffneten Karabiners, sodass das Auge sich bekneift. Schließe dann den Karabiner ordnungsgemäß.

◁ **4.** Bringe jetzt Zug auf die inaktive Part, um die Leine vorübergehend zu halten (hier nach links unten, gegen den Halt von oben). Halte die inaktive Part nach unten und bringe Zug auf den Teil rechts oben, an dem der Kletterer hängt. Mit dem Munter-Maulesel (S. 78) kann der Stek gesichert werden.

Tipps

Verlasse dich niemals auf diesen Stek als einzige Sicherung und seile dich nicht ohne intensives Training ab.

Übliche Anwendungsgebiete

• Klettern

• Freiluftsport

Munter-Maulesel

Der Munter-Reibungsknoten braucht wirklich eine Sicherung, um von größerem Nutzen zu sein. Der Munter-Maulesel stellt sicher, dass der Munter-Reibungsknoten (und viele andere Steks) sich nicht unerwartet lösen. Als Sicherungsstek lässt er beide Hände frei, wenn du einen Rettungseinsatz an einer Sicherung durchführst; deshalb ist er einer der wertvollen Hilfen, die ein kompetenter Knotenmacher beherrschen muss. Er wird Maulesel genannt, weil er so viel tragen kann.

◀ **1.** Zuerst machst du einen Munter-Reibungsknoten (S. 77).

◀ **2.** Lege mit der inaktiven Part der Leine ein Unterhandauge im Uhrzeigersinn.

◀ **3.** Lege in die lose Part des inaktiven Teils eine großzügige Bucht. Stecke die Bucht über die feste Part des aktiven Teils der Leine und nach unten durch das kleine Auge, das du in Schritt 2 gemacht hast. Ziehe die Part fest und ordne sie, bevor du weitermachst.

◀ **4.** Mache mit der Bucht einen Überhandknoten (S. 24) um die feste Part und ziehe die aktive Leine fest.

◀ **5.** Wiederhole das Herumlegen der Bucht um die feste Part und füge noch einen halben Rundtörn hinzu. Beende den Stek mit einem Halben Schlag um die feste Part.

Tipps

Auch hier sollte wegen möglicher Ruckbelastung bei den Schritten 2 und 3 darauf geachtet werden, dass der Stek nicht zu fest zugezogen wird.

Übliche Anwendungsgebiete

• Klettern
• Freiluftsport

Ossel-Stek

Das englische Wort »Ossel« erscheint weder in der *Encyclopedia Britannica* noch im *Compact Oxford English Dictionary*. Es taucht jedoch in Geoffrey Budworth's *Knoten, Das große Praxis-Handbuch* und in der *Encyclopedia of Knots and Fancy Rope Work* von Graumont & Hensel auf, sowohl als Ossel-Knoten wie auch als Ossel-Stek. Vermutlich ist eine »Ossel« ein schottisches Treibnetz, das es heute nicht mehr gibt. Der Stek, im Deutschen auch Hakenleinenstek genannt, ist ein eleganter Weg, eine hängende Leine an einer anderen Leine zu befestigen, und öffnet sich, anders als der Webeleinstek (S. 60), nicht, wenn er gedreht wird. Wir wollen hoffen, dass dieser Stek nicht den gleichen Weg nimmt wie das Netz, nach dem er benannt wurde.

▲ **1.** Lege die lose Part von hinten über die Grundleine und bringe sie nach vorn, hier nach links.

▲ **2.** Lege die lose Part hinter der festen Part herum wieder nach vorn.

▲ **3.** Lege die lose Part wieder über die Grundleine, aber dieses Mal von vorn nach hinten und an die andere Seite als beim ersten Mal.

▲ **4.** Bringe die lose Part wieder über die feste Part und stecke sie durch das Auge, das bei Schritt 2 entstanden ist. Ziehe 12 d der losen Part durch.

▲ **5.** Ordne den Knoten durch Ziehen an der festen Part und Hinaufschieben des Steks.

Tipps

Machst du den Stek um eine glatte Grundleine, füge noch einen Stopperknoten (Kapitel 2) deiner Wahl mit der losen Part hinzu.

Übliche Anwendungsgebiete

• Angeln
• Freiluftsport

Palomar-Knoten

Lefty Kreh und Mark Sosin bewerten die Haltbarkeit üblicher Angler knoten in ihrem Buch *Practical Fishing Knots* nach ihren eigenen Erfahrungen. Sie werten den Palomar-Knoten zwischen 95 % und 100 % der Bruchlast der Leine. Wenn er in einwandfreiem monofilem Material gemacht wird, ist das vielleicht wahr, aber missver-

ständlich, weil das so selten passiert. Dieser Stek, der in der laufenden Leine gemacht wird, rutscht nicht und öffnet sich nicht. Er kann gut an der Öse eines Angelhakens oder des Takelmessers angewendet werden.

◁ **1.** Stecke eine Bucht durch die Öse oder die Schlaufe, an der der Stek gemacht werden soll.

◁ **2.** Lege die Bucht vor der festen Part herum und mache einen Überhandknoten (S. 24).

◁ **3.** Öffne die Bucht und stecke die Öse oder Schlaufe durch die offene Bucht.

◁ **4.** Bringe die geöffnete Bucht ganz herunter und lasse sie an den Windungen auf der festen Part anliegen.

◁ **5.** Ordne den Stek und ziehe ihn an der festen Part zu, lass dabei den Überhandknoten um die feste Part lose.

Tipps

Wird der Stek mit einer Mehrfaser-Leine gemacht, kann es schwierig werden, den Knoten zuzuziehen. Versuche dann den Überhandknoten Zug um Zug von der Bucht bis zur Öse festzuziehen.

Übliche Anwendungsgebiete

• Angeln
• Freiluftsport

Pfahlstek / Doppelter Pfahlstek

Dieser Stek wird seit vielen Jahren angewendet, um Schiffe an Dalben festzumachen, weil er leicht zu machen und zu öffnen ist. Er hält auch bei Belastung aus unterschiedlichen Richtungen sehr gut. Seine Sicherheit ist höher als die des Webeleinsteks (S. 60), weil es nichts ausmacht, wenn der Stek um den Pfahl gedreht wird oder der Zug aufwärts oder abwärts erfolgt. Er ist unter fast allen Umständen sicher.

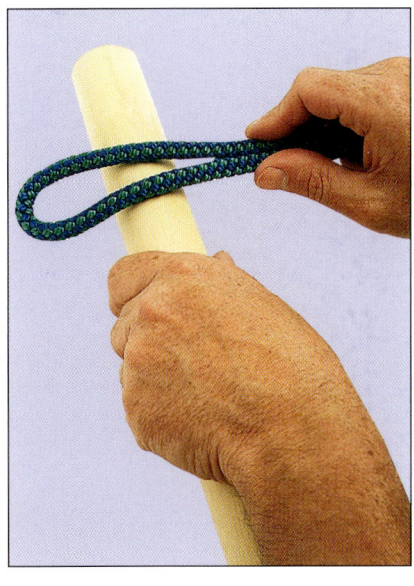

◁ **1.** Bilde in der Leine eine Bucht und lege sie um den Pfahl.

◁ **2.** Lege die Bucht mit einem Rundtörn unter der festen Part hindurch.

◁ **3.** Fahre fort, die Bucht unten um den Pfahl zu legen und öffne sie weit genug, damit sie über den Kopf des Pfahls gelegt werden kann.

◁ **4.** Nach dem Öffnen der Bucht lege sie über die Rundtörns und den Pfahl, dann ziehe den Knoten fest.

Tipps

Um den Doppelten Pfahlstek zu stecken, mache nach Schritt 2 einen weiteren Rundtörn um den Pfahl. Um den Knoten zu öffnen, ziehe eine Part der Bucht vom Pfahl ab und bewege die festen Parten; so kommt Lose in den Stek und du kannst den Knoten nach oben abziehen.

Übliche Anwendungsgebiete

• Segeln
• Freiluftsport
• Allgemeiner Gebrauch

Truckerstek

Dieser verbreitete Knoten ist auch als Fuhrmannsstek bekannt und wird oft falsch gesteckt, weil er zu einfach aussieht oder weil Leute meinen, dass er sich ohne gigantische Verknotung lösen könnte. Durch ein Übersetzungsverhältnis von 2:1 kann eine Leine mithilfe dieses Steks sehr stark durchgesetzt werden. Er wird oft angewendet, um eine Ladung auf einem Fahrzeug zu verzurren. Die Reibung im Knoten sorgt für seine Haltbarkeit, und doch kann er schnell geöffnet werden, wenn der Zug von der Leine genommen wird.

▲ **1.** Beginne mit einem Rundtörn und zwei Halben Schlägen (S. 84) auf einer Seite des Fahrzeuges und führe die Leine über die Ladung zur anderen Seite.

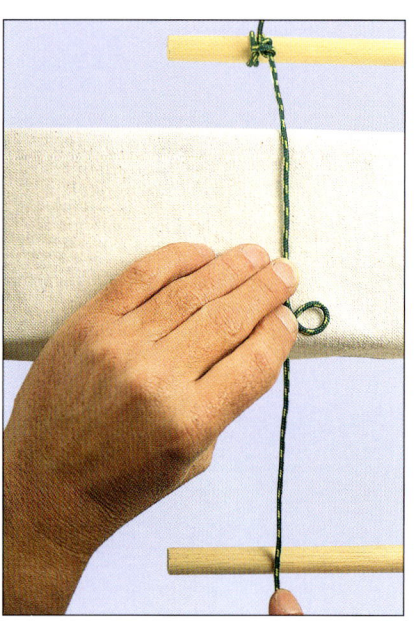

▲ **2.** Forme links herum ein Überhandauge in die Leine, mindestens 60 cm vor dem Haltepunkt.

▲ **3.** Lege eine etwa 25 cm lange Bucht in die lose Part. Mache eine zweite (kleine) Bucht am Ende der ersten.

◀ **4.** Stecke die zweite Bucht von hinten in das Auge aus Schritt 2. Drehe die große Bucht links herum, um die kleine Bucht in dem Auge festzuhalten.

◀ **5.** Drehe die große Bucht weiter links herum, dadurch bleibt das Auge bestehen.

6. Bilde mit der losen Part eine dritte Bucht und ziehe sie durch die verdrehte Bucht. Diese wird zum Haltepunkt gezogen.

7. Erhalte Spannung auf der Leine, wenn du sie über den Haltepunkt oder Haken legst.

8. Indem du an der losen Part ziehst, kannst du jetzt Spannung auf die Zurrleine bringen.

9. Dann kannst du die lose Part noch einmal um den (oder einen benachbarten) Haltepunkt legen, sie auf die andere Seite der Ladung werfen, dort um einen Halt legen, wieder zurückführen usw. Wenn nötig, können weitere Steks neben dem ersten gemacht werden. Beende die Verzurrung mit zwei Halben Schlägen um die letzte feste Part.

Tipps

Weil dieser Stek unter Spannung stehen muss, wenn er halten soll, und auch, weil Vibrationen ihn lösen könnten, empfiehlt es sich, vor dem Festziehen einen Knebel durch die zweite Bucht (in Schritt 4) zu stecken.

Übliche Anwendungsgebiete

- Segeln
- Freiluftsport
- Allgemeiner Gebrauch

Eineinhalb Rundtörns mit zwei Halben Schlägen

Dieser Stek ist mein persönlicher Favorit, weil er unter fast allen Bedingungen gut hält. Das Beibändseln des Endes der losen Part an die feste Part beim fertigen Knoten stellt sicher, dass er nicht aufgeht, bevor er etwa 90 % der Bruchlast der Leine erreicht hat. Seine Stärke kommt daher, dass Rundtörns um die Spiere gelegt werden, bevor die lose Part um die feste Part gesichert wird; dadurch wird der belastete Teil der Leine nicht geknickt. Meist bilden sich in Knoten, Steks und Verbindungen geschwächte Abschnitte durch das Zusammenpressen der Fasern an dem Punkt, in dem eine Leine bekniffen wird. Das vermeidet dieser Stek besonders gut.

▲ **1.** Lege die lose Part über das gewählte Objekt und schlage eineinhalb Rundtörns. Achte darauf, dass die Windungen nebeneinander liegen.

▲ **2.** Mache einen Halben Schlag um die feste Part dicht am Rundtörn. Von links nach rechts gesteckt, muss er dicht an die Spiere geschoben werden.

▲ **3.** Mache einen weiteren Halben Schlag in der gleichen Richtung, sodass ein Webeleinstek (S. 60) um die feste Part entsteht.

Tipps

Befestige das Ende der losen Part mit einem Bändsel, Takelgarn oder, wenn du nichts anderes hast, mit Tape an der festen Part.

Übliche Anwendungsgebiete

• Segeln
• Freiluftsport
• Allgemeiner Gebrauch

Zimmermanns- und Balkenstek

Auf Englisch auch »Killick Hitch«, was Ankersteinstek bedeutet. Der Ausdruck »Killick« bezeichnet auch einen Bootsmannsrang der britischen Marine, dessen Abzeichen einen Anker zeigt. Der Zimmermannsstek wird nach wie vor benutzt, um Baumstämme anzuheben, die zu Bauholz verarbeitet werden. Der Zimmermannsstek ist eigentlich nur der erste Teil des Balkensteks und wird immer noch bei Bauholz angewendet.

◁ **1.** Lege die lose Part von hinten nach vorn über den zu befestigenden Gegenstand.

◁ **2.** Lege die lose Part hinten um die feste Part herum und über den Rundtörn, um die feste Part zu bekneifen.

◁ **3.** Stecke die lose Part je nach Größe des Objekts mehrmals, mindestens drei Mal, unter dem Rundtörn durch.

◁ **4.** Durch Ziehen an der festen Part wird der Stek zugezogen und die Windungen werden an das Objekt gepresst. Das ist der Zimmermannsstek.

◁ **5.** Um den Balkenstek zu machen, füge einfach einen halben Schlag in einiger Entfernung, je nach Länge des Objektes, hinzu.

Tipps

Der Zimmermannsstek ist gut als Ausgangspunkt, wenn man schnell eine Leine für ein Bindereff am Baum eines kleineren Bootes befestigen will. Weiter geht's dann mit dem Balkenstek.

Übliche Anwendungsgebiete

• Segeln
• Freiluftsport
• Allgemeiner Gebrauch

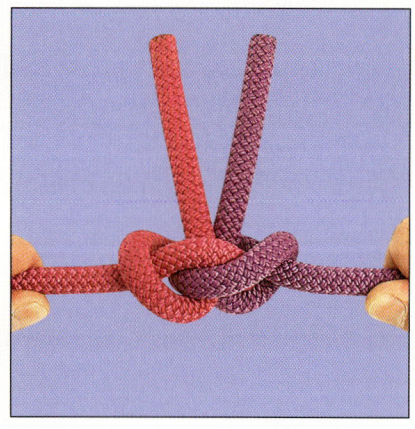

Verbindungsknoten

Verbindungs- oder Ansteckknoten verbinden zwei Leinen, um eine Leine zu verlängern oder um eine Verstärkung zu erreichen. Die Belastbarkeit des Knotens hängt von der Zahl der Bekneifungspunkte, auch gewollte Kinken genannt, ab, die in der Struktur des Knotens liegen. Mehr Kinken schwächen die Leine, aber einen Knoten zu machen geht viel schneller als zu spleißen.

Zwei Taue oder Seile zu verknoten heißt, sie mit einem Knoten aneinander festzubinden und ihre Enden aneinander zu befestigen. Das ist nicht so sicher wie das Aneinanderspleißen zweier Seile, ist aber schneller gemacht und wird üblicherweise angewendet, wenn sie alsbald wieder getrennt werden sollen, wie wenn eine Wurfleine oder ein Seil für den gegenwärtigen Gebrauch zu kurz ist.

Sir Henry Mainwaring, 1644

Mehrere Autoren haben ihre offensichtliche Freude an der Symmetrie und der Brauchbarkeit von Verbindungsknoten geteilt, indem sie sie in ihren Büchern ausführlich dargestellt haben, z. B. Charles Warner in *A Fresh Approach to Knotting and Ropework*, Roger Miles in *Symmetrische Knoten* und natürlich das *ABDK,* Kapitel 18. In bestimmten Situationen auf See werden wir daran erinnert, dass Knoten gute Freunde sind (»bends are our friends«), weil sie auf der Stelle gemacht und gelöst werden können. Die Verbindungsknoten in diesem Kapitel können in Taue, Schnüre, flache Bänder und glatte monofile Materialien oder in Kombinationen davon gemacht werden.

Hunter-Knoten

In demselben Jahr, in dem ein Jumbo-Jet über Indien explodierte, Keith Moon von *The Who*, Papst Paul VI. und Papst Johannes Paul innerhalb von 30 Tagen verstarben, CDs erfunden wurden und das erste Retortenbaby zur Welt kam, nämlich 1978, erschien auf der Titelseite der *Times* in London auch eine Auseinandersetzung, in der Dr. Edward Hunter diesen Knoten als seine Erfindung in Anspruch nahm.

Später wurde jedoch festgestellt, dass schon 1950 Phil Smith ihn als Rigger-Knoten veröffentlicht hatte, ein Umstand, der dem guten Doktor wohl nicht bekannt gewesen war. Diese Auseinandersetzung brachte die sonst so zurückhaltenden Knotenexperten in ganz Großbritannien in Aufruhr und führte zur Gründung der *International Guild of Knot Tyers* mit Niederlassungen in der ganzen Welt.

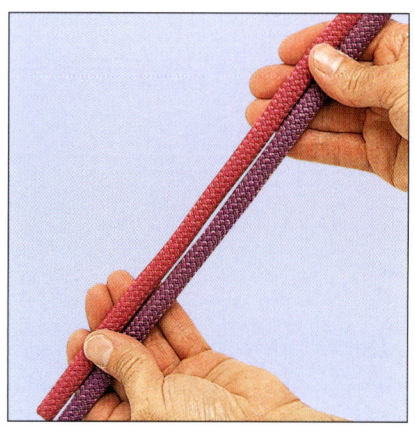

1. Lege zwei Leinenenden so nebeneinander, dass sich ihre losen Parten ca. 30 cm überlappen.

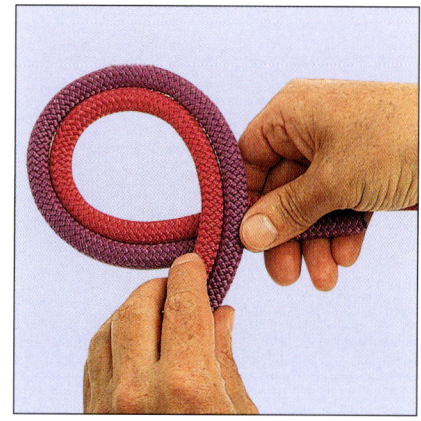

2. Bilde mit der doppelten losen Part ein Überhandauge gegen den Uhrzeigersinn. Achte darauf, dass die Leinenenden parallel liegen.

3. Nimm die lose Part links außen und stecke sie von hinten durch das Doppelauge.

4. Nimm die lose Part rechts außen und stecke sie von vorn durch das Doppelauge.

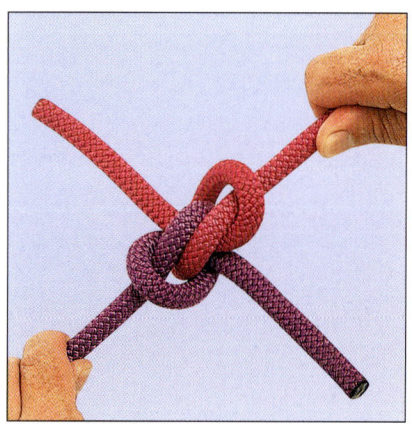

5. Halte die losen Parten und ziehe an den festen Parten, bis es wie auf dem Foto aussieht. Auf der anderen Seite zeigt der Knoten zwei schräg verlaufende parallele Teile.

Tipps

Um den Knoten einfacher zu machen, lass die losen Parten 10 cm herausschauen, sie können später abgeschnitten oder in den Knoten zurückgeführt werden. Das gilt besonders für dünnere Leinen (unter 6 mm).

Übliche Anwendungsgebiete

- Segeln
- Freiluftsport
- Allgemeiner Gebrauch

Ashleys Verbinder (Ashley-Knoten)

Als Knoten-Guru publizierte Ashley mehrere erstmals beschriebene Knoten, unter ihnen Nr. 1452 im *ABDK*. Dieser Ansteck-Knoten erhielt ihm zu Ehren seinen Namen durch Cyrus Day, einen weiteren berühmten Knotenspezialisten. Die *International Guild of Knot Tyers* in den USA hat versucht, diesen Knoten auf einer Briefmarke darstellen zu lassen. Der Knoten ist so nützlich, dass man überzeugt war, so Ashleys Namen in Erinnerung zu behalten. Bei Erscheinen dieses Buches hat die US-Post jedoch noch nicht zugestimmt. Trotzdem, es ist ein sehr nützlicher Knoten für Verbindungen von Gummistropps oder anderen elastischen Leinen.

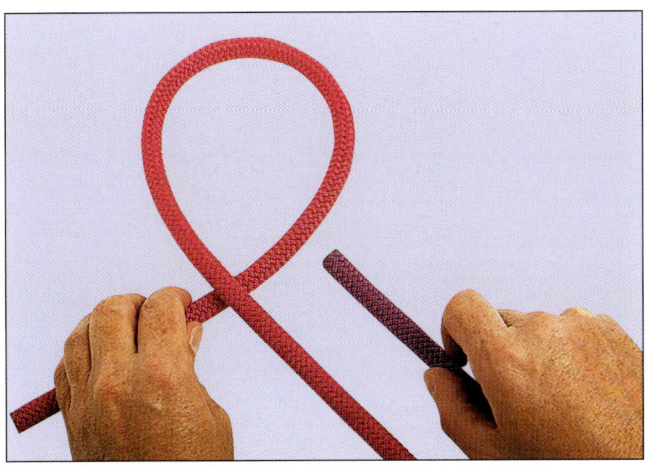

▲ **1.** Lege ein Unterhandauge gegen den Uhrzeigersinn und halte das Ende der Leine in der linken Hand.

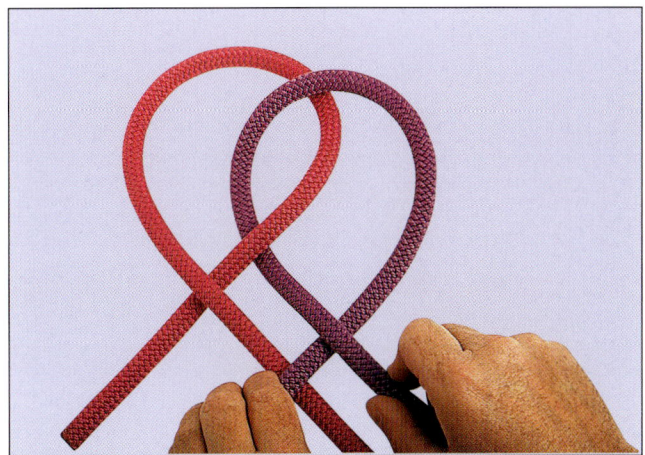

▲ **2.** Stecke die lose Part der anderen Leine von unten rechts durch das Auge. Stecke es weit genug durch, um damit ein weiteres Unterhandauge im Uhrzeigersinn zu machen. Hier liegt die lose Part der zweiten Leine parallel zur losen Part und über der festen Part der ersten Leine.

▲ **3.** Halte beide losen Parten zusammen und stecke sie nach unten durch beide Augen, sodass sie nach rechts oben herauskommen. Ziehe sie fest.

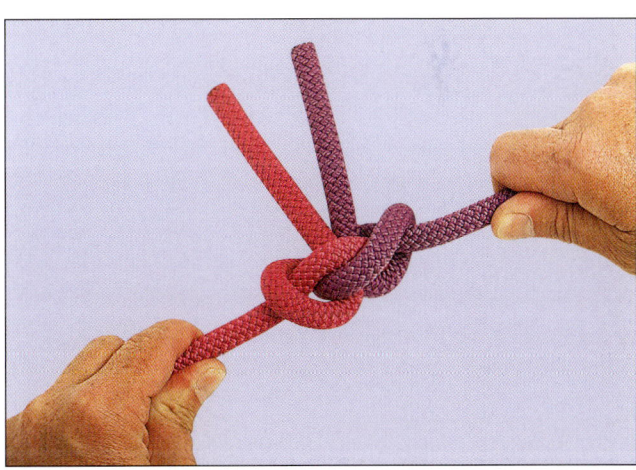

▲ **4.** Ordne den Knoten durch Auseinanderziehen der festen Parten so, dass die losen Parten an einer Seite herausschauen.

Tipps

Um den Knoten zu öffnen, drücke die Augen um die festen Parten mit den Daumen von der Mitte des Knotens fort. Der Knoten geht dann auf, sogar in einem Gummistropp.

Übliche Anwendungsgebiete

- Segeln
- Angeln
- Freiluftsport
- Allgemeiner Gebrauch

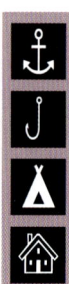

Schotstek

Er wird benutzt, um zwei Leinen mit unterschiedlichem Durchmesser miteinander zu verbinden. Der Schotstek rangiert sehr hoch unter den Alltagsknoten und gilt als eine der Säulen in der modernen Knotenkunde, ganz gleich, ob man ein Handarbeitsgarn verlängern oder eine Schlepptrosse von einem großen Schiff übergeben will. Der Knoten sollte so gemacht werden, dass beide Leinenenden an derselben Seite herauskommen, sonst kann er sich unerwartet öffnen. Die Versuche von Cyrus Day 1935 haben ergeben, dass der Knoten sehr viel schneller durchrutscht, wenn die Enden an gegenüberliegenden Seiten heraustreten. Du bist also gewarnt!

◀ **1.** Lege in die dickere Leine eine Bucht. Lege die lose Part an eine Seite der festen Part.

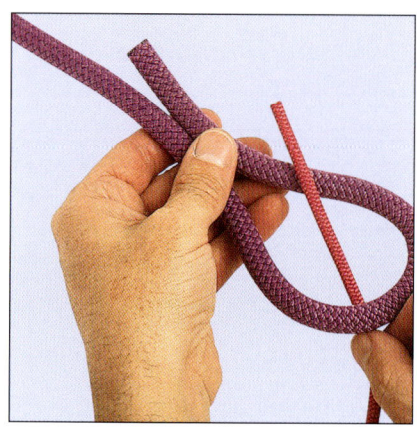

◀ **2.** Stecke die dünnere Leine von unten durch die Bucht und führe diese lose Part auf dieselbe Seite wie die lose Part der dicken Leine.

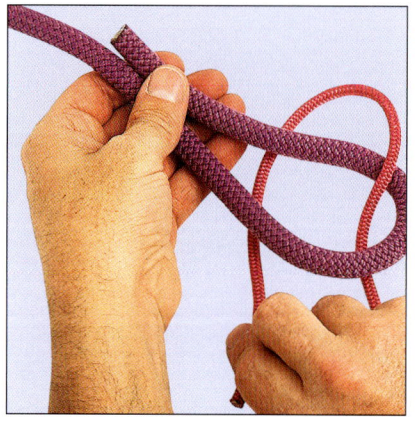

◀ **3.** Lege die lose Part der dünnen Leine hinter der Bucht herum, aber lass sie ein wenig locker.

◀ **4.** Stecke die lose Part der dünnen Leine über der Bucht unter sich selbst hindurch, wo sie aus der Bucht heraufgekommen ist.

◀ **5.** Ordne den Knoten und ziehe ihn an der festen Part der dünnen Leine fest. Halte dabei die Parten der dicken Bucht fest, bis sie von der dünnen Leine bekniffen ist.

Tipps

Bei einem dicken Festmacher möchte man diesen Knoten mit der Wurfleine in dessen Auge für den Poller machen. Man sollte jedoch stattdessen in den Festmacher eine Bucht legen und dort die Wurfleine mit dem Schotstek anbringen. Das hält besser und ermöglicht es, das Auge des Festmachers problemlos und schnell über den Poller zu werfen und die Wurfleine leichter zu lösen. Noch besser geht das, wenn man das lose Ende der dünneren Leine nicht durchzieht, sondern mit einer Bucht auf Slip setzt.

Übliche Anwendungsgebiete

- Segeln
- Angeln
- Freiluftsport
- Allgemeiner Gebrauch

Doppelter Schotstek

Die Vielseitigkeit des Schotsteks wird nur von seinem Gegenstück, dem Doppelten Schotstek, übertroffen. Er ist sicherer und genauso einfach zu stecken und zu öffnen; dabei ist es ein ausgesprochen hübscher Knoten. Wende ihn an, wenn Sicherheit von besonderer Bedeutung ist: beim Schleppen, beim Verbinden einer dünnen Leine mit einem ausgesprochen dicken Tau oder wenn die dickere Leine so steif ist, dass man kaum mehr als eine offene Bucht hineinbringt.

◀ **1.** Lege eine Bucht in die dickere Leine. Lege die lose Part dieser Leine auf eine Seite, hier nach rechts.

◀ **2.** Stecke die dünnere Leine von hinten durch die Bucht und bringe die lose Part auf die gleiche Seite wie die der dicken Leine.

◀ **3.** Lege die dünne Leine hinten um die Bucht, lass diese lose Part reichlich lang. Stecke die lose Part der dünnen Leine unter sich selbst hindurch, aber über die Bucht in der dicken Leine.

◀ **4.** Lege die dünne Leine ein zweites Mal hinter der Bucht herum – wickle dabei in Richtung ihres geschlossenen Teils! – und stecke sie neben dem vorherigen Durchgang wieder unter sich selbst hindurch.

◀ **5.** Ordne den Knoten durch Ziehen an der festen Part der dünnen Leine und halte dabei die Bucht in der dicken fest, ziehe die dünne Leine eng an sich selbst. Du musst auch an der losen Part der dünnen Leine ziehen, um beide Windungen ordentlich nebeneinander zu legen.

Tipps

Der Knoten ist mit einer steifen oder sehr dicken Leine nur schwer zu stecken. Um das Ordnen des Knotens einfacher zu machen, mache die Leinen vor dem Zuziehen nass. Lass die dünne Leine lang herausstehen (etwa 16 d), damit sie mit Tape oder Takling gesichert werden kann.

Übliche Anwendungsgebiete

• Segeln
• Angeln
• Freiluftsport
• Allgemeiner Gebrauxh

Gesicherter Schotstek

Laufende Schlingen und Knoten auf Slip sind in diesem Buch schon mehrfach erwähnt worden, aber das Sichern einer losen Part wurde noch nicht angesprochen. Der Gesicherte Schotstek ist der erste dieser Art, der beschrieben wird. Die lose Part wird in diesem Fall an der Bucht gesichert, damit sie sich nicht zufällig löst. Schleppt man ein Fahrzeug ab oder schleift man das Ende mehrfach über den Boden, verhindert diese praktische Hilfe ein Verhaken der losen Part an Felsen oder Zweigen und ein Öffnen des Knotens.

◁ **1.** Bilde mit der dickeren Leine eine Bucht. Lege die lose Part der Leine an eine Seite des Knotens.

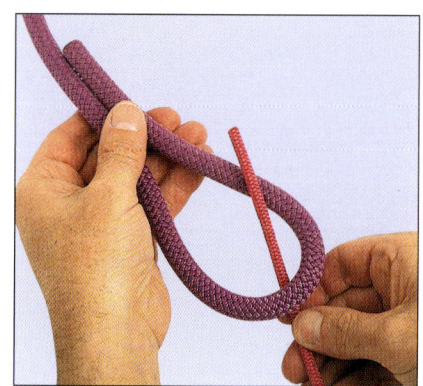

◁ **2.** Stecke die dünnere Leine von hinten durch die Bucht und lege sie auf die gleiche Seite wie die lose Part der Bucht.

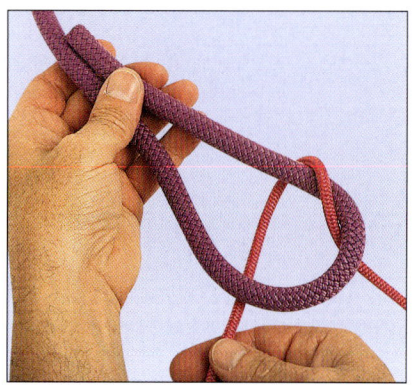

◁ **3.** Lege die dünne Leine hinter der Bucht herum und lass reichlich Länge aus der Bucht herauskommen.

◁ **4.** Stecke die dünne Leine unter sich selbst, aber über der Bucht durch.

◁ **5.** Stecke die lose Part der dünnen Leine noch einmal unter sich selbst durch und lege sie an der losen Part der Bucht entlang. Der Halbe Schlag sollte sich jetzt an die Parten der Bucht schmiegen.

Anwendungen

- Segeln
- Angeln
- Freiluftsport
- Allgemeiner Gebrauch

Tipps

Das Tapen oder Betakeln der losen Part der dünnen Leine zwischen den Parten der Bucht gibt zusätzliche Sicherheit – nach dem Prinzip von »Hosenträger plus Gürtel«!

Englischer Knoten

Im Englischen heißt er »Fisherman's Knot«, müsste aber eigentlich »Fisherman's Bend« (Ansteck-Knoten) heißen. Er wird weltweit von Fischern angewendet, um zwei Leinen gleicher Stärke zu verbinden. Im *ABDK* heißt er auch Wasserknoten, Fischerknoten, Liebesknoten und Sportanglerknoten. Dieser Ansteck-Knoten sollte nicht bei dicken Leinen angewendet werden, weil man mit ihnen den Knoten nicht richtig zuziehen kann. Macht man ihn in zu glatte Leinen, kann er nach wenigen Belastungen durchrutschen.

◁ **1.** Lege die losen Parten der Leinen so nebeneinander, dass sie sich etwa 40 d überlappen. Bilde mit der losen Part der einen Leine einen Überhandknoten (S. 24) um die feste Part der anderen und lege alle Parten wieder parallel.

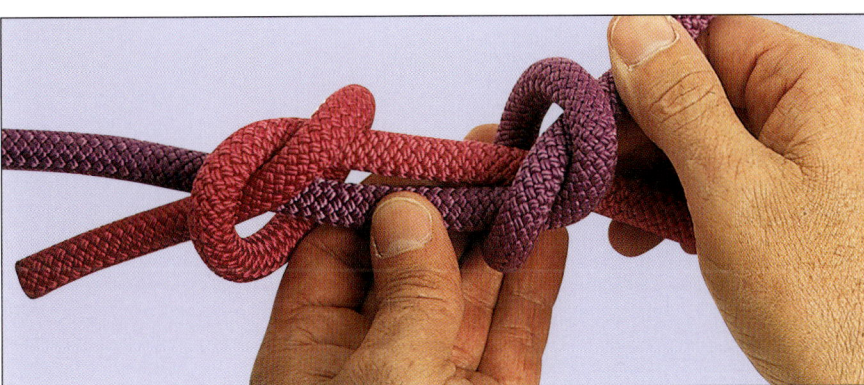

◁ **2.** Drehe die Leinen um und mache das Gleiche mit der losen Part der anderen Leine.

◁ **3.** Ziehe die beiden festen Parten auseinander, sodass die Überhandknoten aufeinander rutschen und sich sichern. Ordne den Knoten.

Tipps

Beginne den Überhandknoten damit, die lose Part hinter die feste Part der anderen Leine zu legen, und beende ihn mit der losen Part entlang der festen Part der anderen Leine, sonst wird der Knoten unnötig dick. Sichere die losen Parten an den festen mit Tape oder einen Takling.

Übliche Anwendungsgebiete

- Segeln
- Angeln
- Klettern
- Allgemeiner Gebrauch

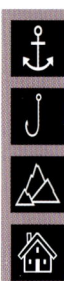

Doppelter Englischer Knoten

Die Forderung nach höherer Sicherheit des beliebten Englischen Knotens führte zu dieser Variante, dem Doppelten Englischen Knoten, der genauso gut in einer Angelschnur wie in einer reckarmen 5-mm-Leine oder einem dehnbaren Kettenstropp hält. Er kann zwei Leinen sicher verbinden, auch stärkere Leinen. Bei manchen heißt er Fischerknoten, Kletterer nennen ihn auch Weintraubenknoten,

er ist für sie ein wichtiger Teil des Repertoires. Also viele Namen für einen Zweck – zwei Leinen zu verbinden.

Schneide bei Angelschnur die überstehenden losen Parten bis auf 2 d ab, damit der Knoten durch die Ösen der Angelrute gleiten kann, lass aber mindestens 12 d stehen, wenn der Knoten in einen Kettenstropp gemacht wird.

1. Lege die Leinenenden auf einer Länge von etwa 35 cm nebeneinander. Lege die lose Part der linken Leine hinter die feste Part der rechten und mache einen Doppelten Überhandknoten (S. 24) um die Leine.

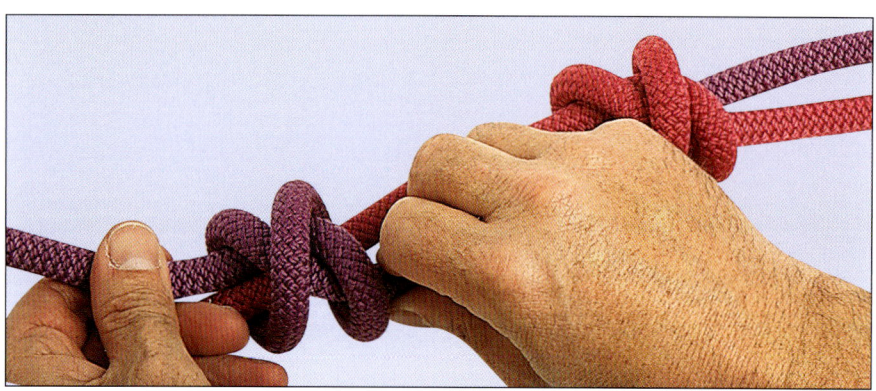

2. Drehe die Leinen um und wiederhole Schritt 1, sodass ein zweiter Doppelter Überhandknoten entsteht. Kannst du die Leinen nicht umdrehen, mache den zweiten Überhandknoten gegen den Uhrzeigersinn.

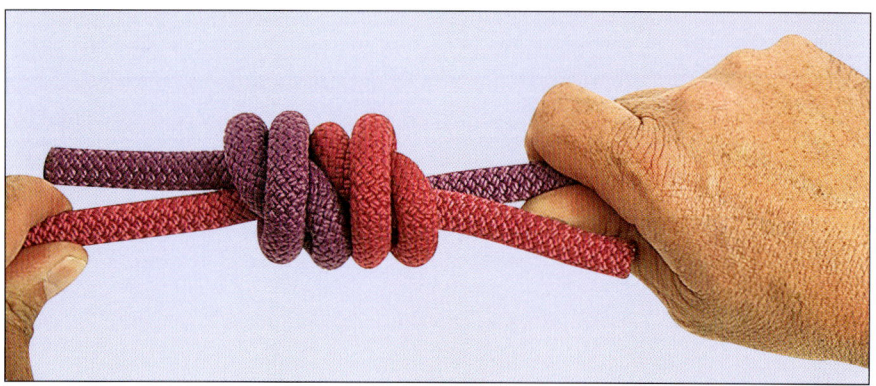

3. Schiebe die Knoten zueinander, sodass sie gut aufeinander sitzen. Ordne den Knoten.

Tipps

Machst du den Knoten in Kletterleinen, sichere die losen Parten mit Tape.

Übliche Anwendungsgebiete

- Segeln
- Angeln
- Klettern
- Allgemeiner Gebrauch

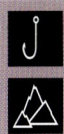

Dreifacher Englischer Knoten

Wenn ein Knoten gut ist und zwei noch besser sind, warum dann nicht drei? Es war vermutlich die Einführung von Spectra, einem besonders glatten, aber hoch belastbaren Material, die diese Erwei- terung des Englischen Knotens notwendig machte. Er hält gut auf glattem oder nassem monofilen Material. Kletterer benutzen ihn zur Sicherheit in Spectra-Leinen oder wenn Leinen nass sind.

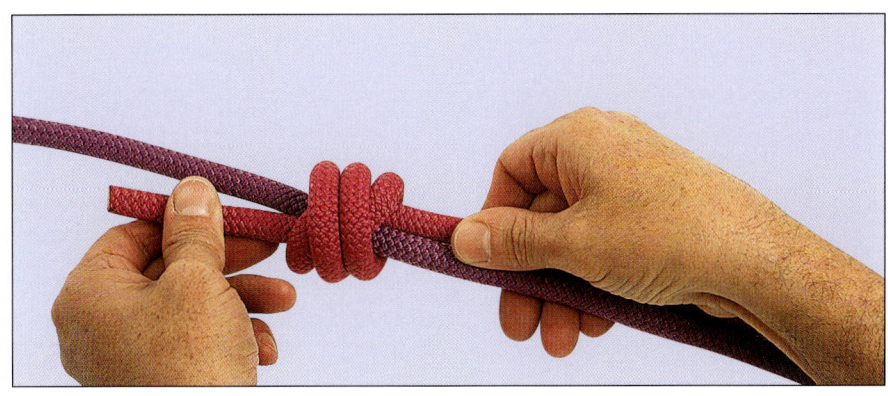

◁ **1.** Mache einen Dreifachen Überhandknoten (S. 24) um eine der festen Parten. Der Knoten liegt von der festen Part der verknoteten Leine aus gesehen im Uhrzeigersinn um die feste Part der anderen.

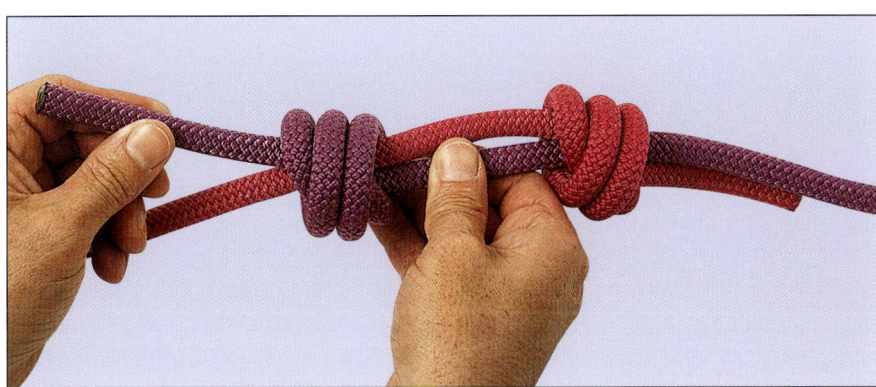

◁ **2.** Wiederhole Schritt 1 mit der anderen Leine, entweder nach Umdrehen oder durch das Kno- ten gegen den Uhrzeigersinn zum ersten losen Ende hin.

◁ **3.** Ziehe die beiden Knoten gegeneinander und ordne sie, damit sie gut aussehen.

Tipps

Beim Angeln sollte die Schnur vor dem Zusammenziehen angefeuchtet werden, damit sich die Reibung vermindert.

Übliche Anwendungsgebiete

• Angeln
• Klettern

Trossenstek – gleich liegende Enden

Er ist durch Hereward the Wake seit 1070 als heraldisches Symbol bekannt und wird bei Handarbeiten Josephinenknoten genannt. Bei Seglern ist er relativ unbekannt und gerät wegen seltener Anwendung zunehmend in Vergessenheit. Der Trossenstek vermindert die Haltbarkeit einer Leine um etwa 45 %, das ist nicht so gut wie beim Palstek, aber besser als beim Schotstek und dem Kreuzknoten. Als einfacher Knoten verdient er ein besseres Schicksal als beiseite geschoben zu werden. Das Stecken des Knotens führt leicht zu Verwirrung, deshalb versuche diese Art des Verwebens und du erhältst eine hinreichend feste Verbindung zweier gleich dicker Leinen.

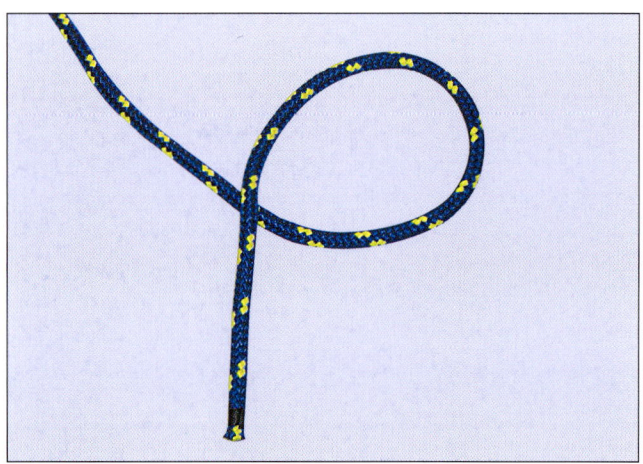

▲ **1.** Lege mit der ersten Leine ein Überhandauge gegen den Uhrzeigersinn, sodass die lose Part nach unten zeigt.

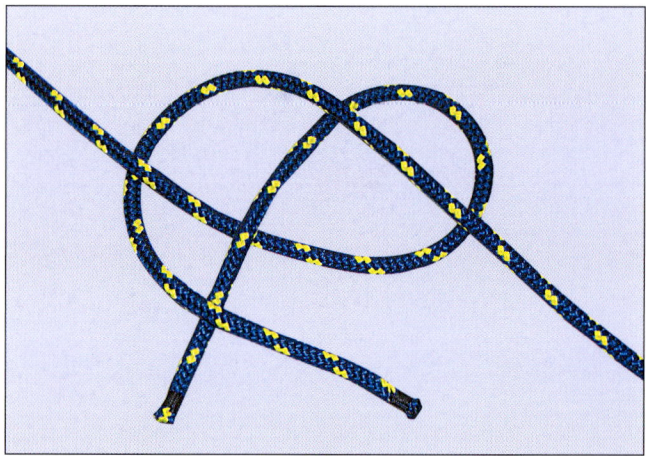

▲ **2.** Lege die zweite Leine von rechts nach links über das erste Auge in gleicher Richtung wie die erste feste Part. Stecke die zweite lose Part unter der ersten festen Part hindurch. Dann lege die zweite lose Part über die erste.

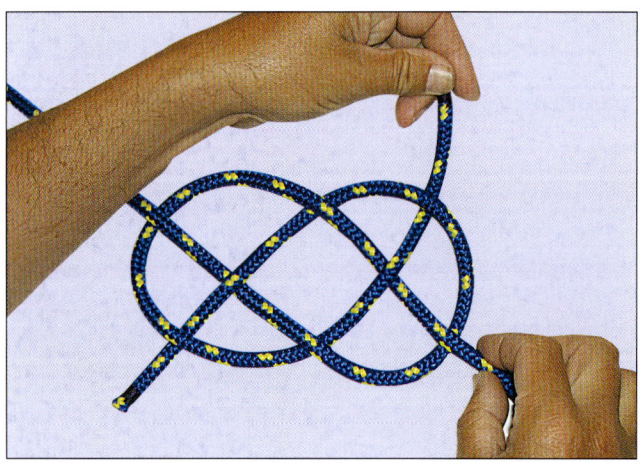

▲ **3.** Beende das Weben damit, dass du die zweite lose Part unter dem ersten Auge, über die eigene feste Part und schließlich unter der letzten Part des letzten Auges durchsteckst. Beide losen Parten liegen jetzt an gegenüberliegenden Seiten des Knotens.

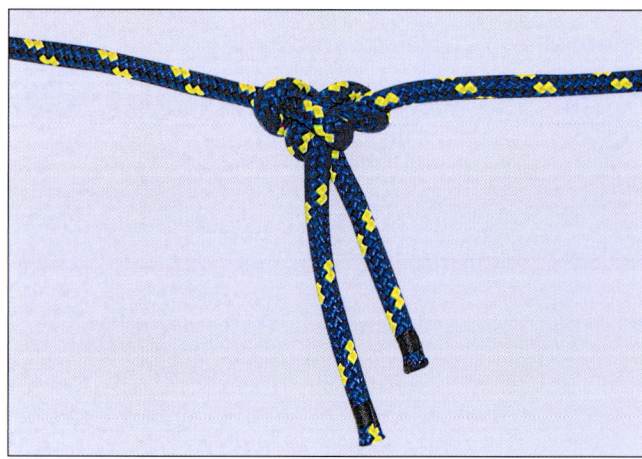

▲ **4.** Halte die losen Parten fest und ziehe den Knoten an den festen Parten zusammen, bis der Knoten enger geworden ist; dann ziehe die festen Parten auseinander, um den Knoten zu beenden. Die beiden losen Parten schauen nun an derselben Seite des Knotens heraus.

Tipps

Um den Knoten selbst nach großer Belastung und nass zu öffnen, schiebe einfach jedes Auge über die feste Parten, um die losen Parten zu lösen.

Übliche Anwendungsgebiete

- Segeln
- Klettern
- Freiluftsport
- Allgemeiner Gebrauch

Trossenstek – gegenüberliegende Enden

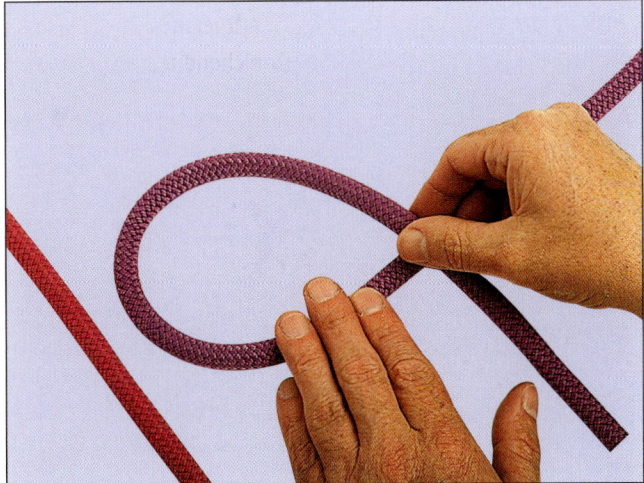

▲ **1.** Lege in die erste Leine ein Überhandauge gegen den Uhrzeigersinn, sodass die lose Part nach rechts unten zeigt.

▲ **2.** Lege die zweite Leine von links nach rechts unter das erste Auge parallel zu ersten losen Part. Stecke sie über die erste lose Part und dann unter die erste feste Part.

▲ **3.** Webe die zweite lose Part über das erste Auge, unter seine feste Part und schließlich über die letzte Part des ersten Auges. Beide losen Parten schauen zu derselben Seite aus dem Knoten.

▲ **4.** Ordne den Knoten und denke daran, dass dies ein dekorativer Knoten ist, also nicht zu fest zuziehen!

Tipps

Um ihn als dekorativen Knoten zu zeigen, sollte er nicht zugezogen werden. Wenn du das machst, versuche es mit mehreren Durchzügen, damit der Knoten flach liegt.

Übliche Anwendungsgebiete

- Segeln
- Freiluftsport
- Allgemeiner Gebrauch
- Schmuck

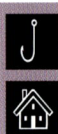

Albright-Knoten

Angler werden häufiger eine dickere oder schwerere Schnur mit eine feineren verbinden wollen, und dazu ist der Albright-Knoten perfekt geeignet. Anders als der Schotstek (S. 90) verbindet er nicht nur unterschiedlich dicke Leinen, sondern auch Drahttauwerk und monofile Schnüre, die mit diesem Knoten leicht durch die Ösen der Angelrute gleiten und so weite Würfe ermöglichen. Durch Nassmachen vor dem Zusammenziehen wird der Knoten besonders fest.

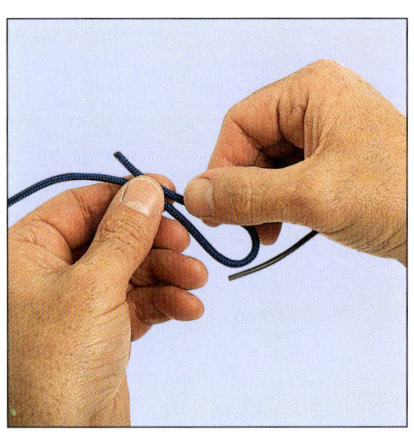

◁ **1.** Lege in die schwerere Leine eine Bucht von 5 - 7 cm Länge. Um eine steife Schnur in Form zu halten, befestige die lose Part mit Tape an der festen.

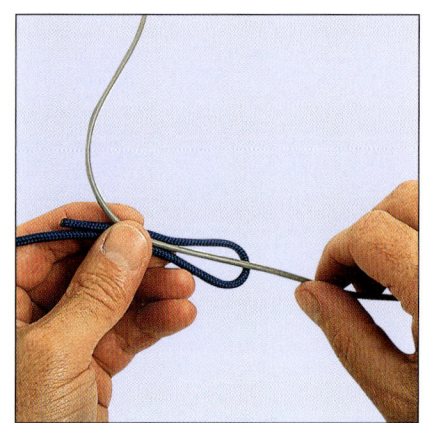

◁ **2.** Lege ungefähr 10 cm des Vorfachs (die dünnere Schnur) auf die Bucht mit der losen Part In Richtung zur Öffnung der Bucht. Halte sie dort mit der linken Hand fest.

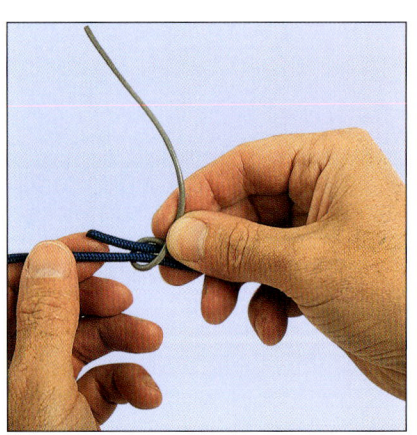

◁ **3.** Wickle die lose Part um die Bucht und sich selbst. Mache die Wicklungen so stramm wie möglich und arbeite in Richtung Ende der Bucht.

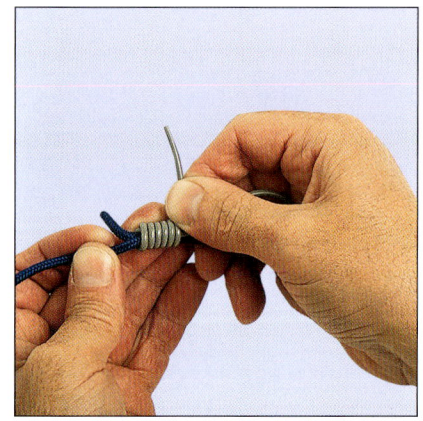

◁ **4.** Wickle das Vorfach mindestens sechsmal um die Bucht und achte darauf, dass seine feste Part immer an derselben Seite der Bucht liegen bleibt.

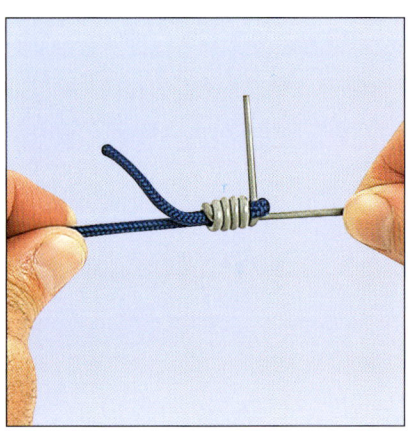

◁ **5.** Stecke die lose Part des Vorfachs durch die Bucht. Ziehe an der festen Part des Vorfachs, nachdem es angefeuchtet wurde, um die Reibung zu verringern. Ziehe die lose Part des Vorfachs fest in die Bucht und schneide die Überstände ab.

Tipps

Um den Knoten noch fester zu machen, stecke die lose Part des Vorfachs bei den letzten ein bis zwei Törns nur über eine Seite der Bucht und über die feste Part des Vorfachs, so dass sich Vorfach und eine Seite der Bucht vor dem Zusammenziehen bekneifen.

Übliche Anwendungsgebiete

• Angeln • Allgemeiner Gebrauch

Blutknoten

Wegen seiner Form auch als Tonnenknoten bekannt, wird dieser Knoten immer dann benutzt, wenn zwei Leinen, vor allem monofile Schnüre, sicher verbunden werden sollen. Der Knoten ist praktisch nicht zu öffnen, wenn er belastet war, und muss, wenn nötig, abgeschnitten werden. Viele Angler feuchten die Schnüre vor dem Festziehen an, damit sich die Wicklungen leichter sicher aneinander fügen.

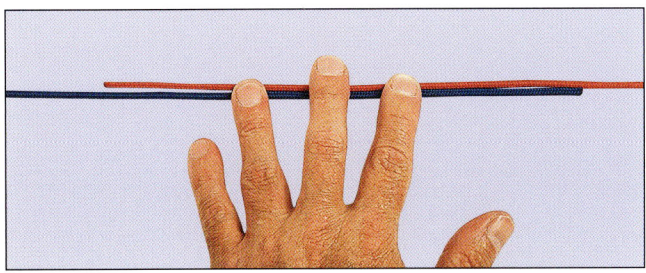

▲ **1.** Lege die zu verbindenden Enden nebeneinander, sodass sie sich etwa 40 d überlappen. Diese Länge erlaubt es, mindestens sechs Wicklungen um die glatte Schnur zu machen.

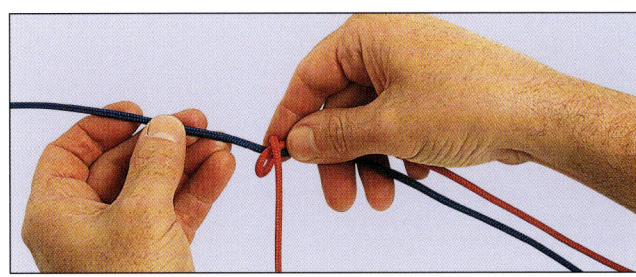

▲ **2.** Lege die linke lose Part zu dir hin um die rechte Schnur, sodass ein Rundtörn um die festen Parten der ersten und zweiten Schnur entsteht.

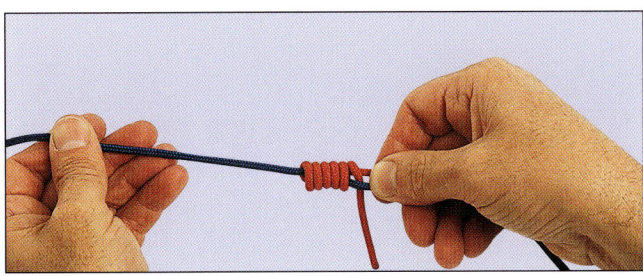

▲ **3.** Mache weitere 5 oder 6 Rundtörns um die feste Part. Nach dem letzten Rundtörn stecke die lose Part der ersten Schnur zwischen den Schnüren hindurch und halte sie durch Druck mit den Fingern der linken Hand fest.

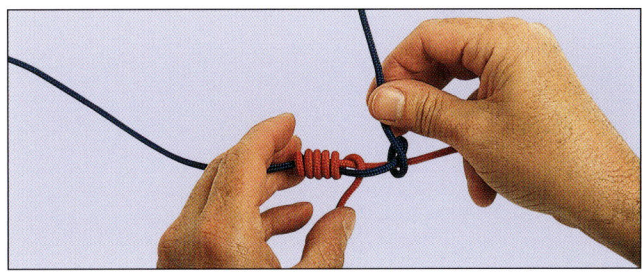

▲ **4.** Wiederhole die Schritte 3 und 4 mit der losen Part der zweiten Schnur. Wenn du die erste lose Part zu dir hin gewickelt hast, wickle die Rundtörns jetzt von dir fort, sodass die Richtung der Rundtörns entgegen der der ersten losen Part verläuft.

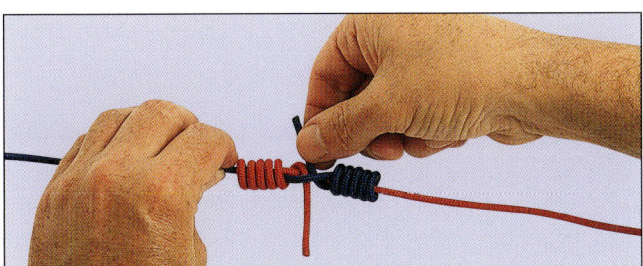

▲ **5.** Mache die gleiche Zahl Rundtörns wie mit der ersten losen Part. Stecke dann die zweite lose Part in entgegengesetzter Richtung zwischen den Schnüren durch und halte alles gut fest, um zu verhindern, dass die Schnüre sich wieder lösen.

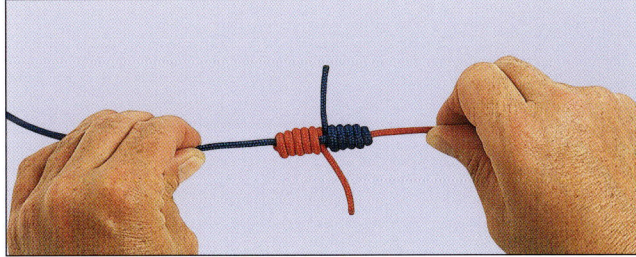

▲ **6.** Zum Schluss ziehe beide feste Parten auseinander, um den Knoten festzuziehen, die losen Parten werden dabei in der Mitte des fertigen Knotens bekniffen.

Tipps

Hast du die Knoten in monofilen Schnüren gemacht und festgezogen, kannst du die herausstehenden Enden abkneifen, damit die Schnur gut läuft. Ist der Knoten in anderes Material gemacht, lass die Enden etwa 4 d herausschauen, damit der Knoten sich bei Belastung noch weiter festziehen kann, ohne auseinander zu fallen.

Übliche Anwendungen

- Segeln
- Angeln
- Klettern
- Freiluftsport

Doppelter Geschirrknoten mit parallelen Enden

Der Doppelte Geschirrknoten ist auch unter Zugknoten oder Paket-knoten bekannt und wird angewendet, wenn eine der Leinen unter Zug steht. Typische Anwendungen sind das Verbinden gerissener Pferdeleinen (daher sein Name) und Schnürsenkel. Er kann auch zum Verschnüren von Paketen und beim Verknoten von Nylon-Gurten verwendet werden. Dieser Knoten ist besonders für Fäden und Gummistropps geeignet. Es ist erstaunlich, wie schnell ihn versierte Packer machen können.

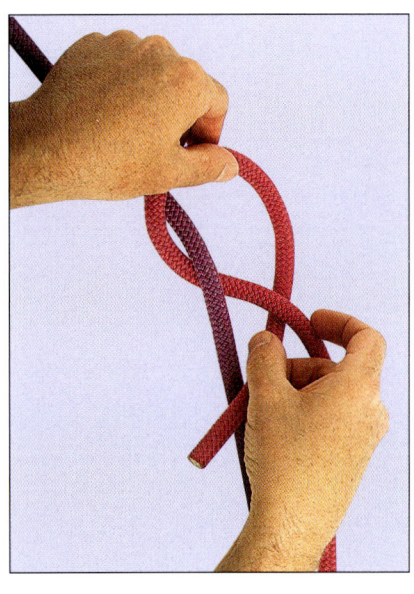

◁ **1.** Lege ein Unter-handauge im Uhrzei-gersinn in die unter Last stehende Leine, führe die lose Part wie auf diesem Foto nach links unten. Halte das Kreuz des Auges mit einer Hand fest und stecke die lose Part der zwei-ten Leine von unten durch das Auge, dann über die linke Seite des Auges und lege sie unter die erste lose Part.

◁ **2.** Ziehe die lose Part zwischen dem Auge und der zweiten Leine hoch und halte die belastete Leine unter Spannung. Zur Verdeut-lichung zeigt dieses Foto das im lockeren Zustand.

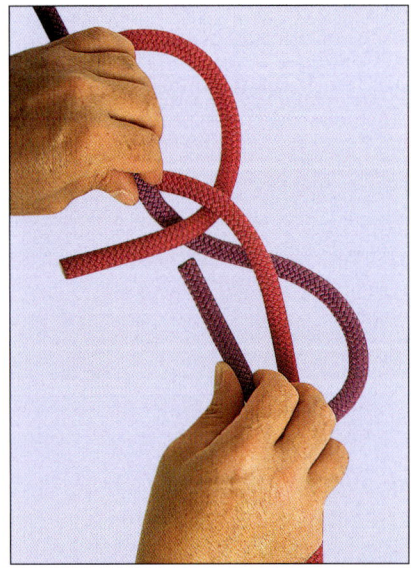

◁ **3.** Halte die erste lose Part und die zweite feste Part gekreuzt zusammen und bringe die zweite lose Part unter die feste belastete Part der ersten Leine; dann führe sie über die feste Part und schließ-lich auf die linke Seite der festen Part. Beachte die mundförmige Öffnung, durch die die erste lose Part erscheint.

◁ **4.** Stecke die zweite lose Part unter ihrer fes-ten Part hindurch und von unten durch die Öffnung, parallel zur ersten losen Part. Durch Zug an beiden festen Parten schließt sich der Knoten.

Tipps

Um den Knoten mit den Enden auf gegenüberliegenden Seiten zu machen, stecke die lose Part in Schritt 4 andersherum durch die Öffnung. Ordne den Knoten sorgfältig.

Übliche Anwendungen

• Allgemeiner Gebrauch

Ringknoten

Ashley nennt ihn auch Katgut-Knoten, er ist aber ebenfalls als Variante des Wasserknotens bekannt. Mit ihm kann man zwei Leinen fest miteinander verbinden, besonders geflochtene Bänder und auch Gummistropps. Er ist auch bei Nässe sehr haltbar und wird oft beim Klettern für Gurtschlingen verwendet.

▲ **1.** Mache einen Überhandknoten (S. 24) in eine der Leinen. Lass den Knoten sehr lose.

▲ **2.** Lege die lose Part der anderen Leine oder des Bandes in die entgegengesetzte Richtung. Führe die zweite lose Part parallel zur ersten durch den Überhandknoten.

▲ **3.** Fahre den ganzen Knoten mit der zweiten losen Part nach. Das wird besonders bei Gurtmaterial deutlich. Lass die zweite lose Part genauso weit herausragen wie die erste.

▲ **4.** Ordne den Knoten, indem du jede lose Part gegen die feste der anderen Leine hältst und auseinander ziehst. Benutzt du Gummistropps oder Leinen, achte besonders darauf, dass die Parten sich nicht kreuzen.

Tipps

Lass die losen Parten länger als abgebildet herausschauen und sichere sie mit Tape oder Garn, um noch höhere Sicherheit zu erhalten. Dieser Knoten lässt sich nach Belastung nur schwer öffnen, also achte darauf, dass du ihn nur dort anwendest, wo du das brauchst.

Übliche Anwendungsgebiete

• Segeln
• Klettern
• Freiluftsport
• Allgemeiner Gebrauch

Flämischer Knoten

Er ist auch als Acht-Ansteckknoten bekannt und vor allem bei Kletterern beliebt. Er ist leicht zu machen und sicher. Der Flämische Knoten unterscheidet sich vom Doppelten Acht-Ansteckknoten dadurch, dass er es erlaubt, eine Leine der anderen folgen zu lassen und nicht zwei separate Knoten zu einem Ansteck-Knoten zusammenzuziehen. »Flämisch« bedeutet, dass Leinen nebeneinander geführt werden, wie es in der flämischen Seefahrt Brauch war.

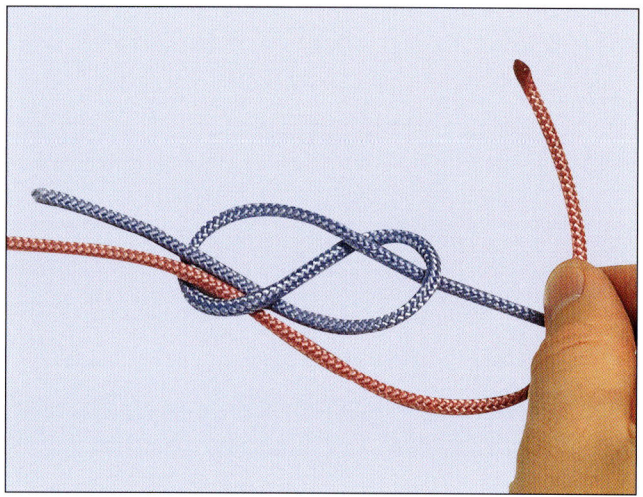

▲ **1.** Mache einen Achtknoten (S. 25) in das Ende einer Leine, lass etwa 15 cm herausschauen.

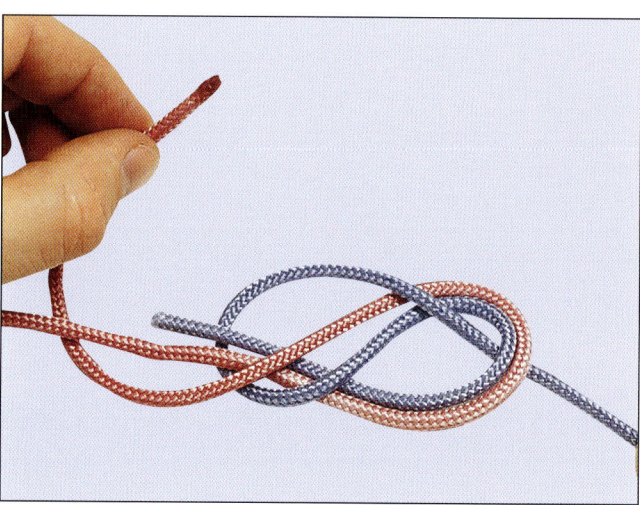

▲ **2.** Führe die lose Part der zweiten Leine so in entgegengesetzter Richtung parallel zur ersten Leine, dass sie dem Verlauf des vorhergehenden Knotens folgt.

▲ **3.** Lege den ersten Achtknoten so, dass jede lose Part an der festen Part der anderen Leine liegt.

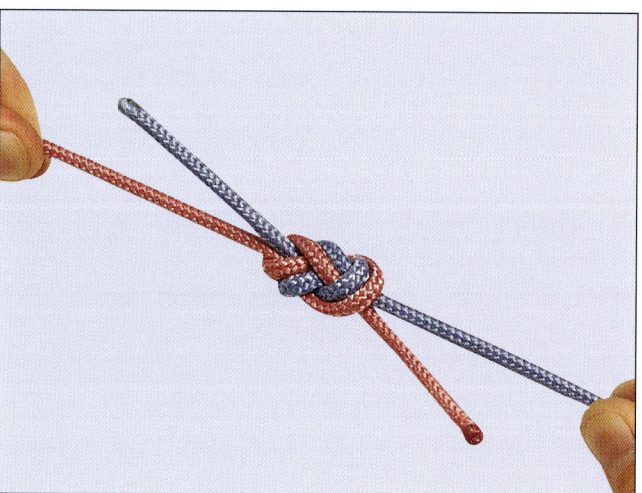

▲ **4.** Halte die losen und festen Parten zusammen und ziehe den Knoten fest.

Tipps

Dieser Knoten wird gern insgeheim von »Kumpels« im Dunkeln auf richtiges Knoten überprüft. Lass die losen Parte 15 cm herausschauen, wenn du diesen Knoten machst.

Übliche Anwendungsgebiete

- Segeln
- Klettern
- Freiluftsport
- Allgemeiner Gebrauch

Acht-Ansteckknoten mit parallelen Enden

Er wird gelegentlich beim Klettern benutzt und wird auch angewendet, wo es auf schnelle und sichere Verbindung zweier Leinen ankommt. Benutze ihn aber bei Belastung mit Vorsicht. Der Knoten hat 90-Grad-Knicke am Austrittspunkt der festen Parten, die bei hoher Belastung zu gefährlich werden. Der Knoten ist leicht zu behalten und zu machen, sollte aber gerade deshalb mit Sorgfalt angewendet werden.

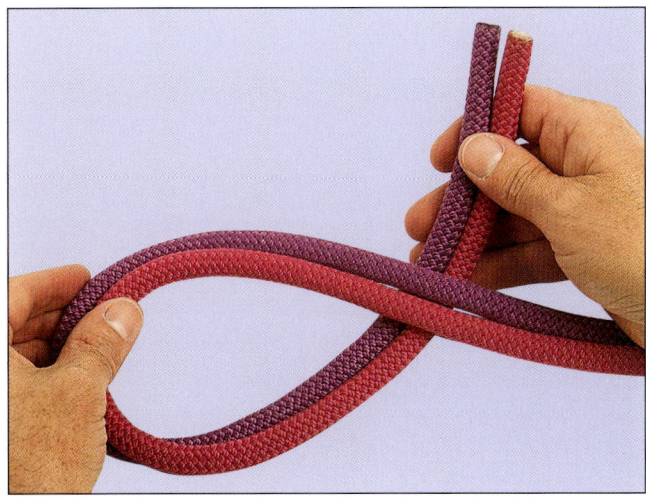

▲ **1.** Lege beide losen Parten zusammen und bilde ein Unterhandauge gegen den Uhrzeigersinn.

▲ **2.** Führe die doppelten losen Parten über die festen Parten und stecke sie von unten durch das Auge.

▲ **3.** Ziehe die losen Parten durch das Auge und vollende so die Achtform.

▲ **4.** Ziehe den Knoten zu und ordne ihn. Der Knoten wird hübscher, wenn du die Hand lose unter den Knoten legst und an den festen Parten ziehst, sodass die losen Parten in 90 Grad zu den festen liegen.

Tipps

Stelle sicher, dass die losen Parten mindestens 12 d aus dem Knoten kommen.

Übliche Anwendungsgebiete

• Klettern
• Freiluftsport
• Allgemeiner Gebrauch

Doppelter Acht-Ansteckknoten

Dieser Ansteck-Knoten wird von Kletterern und Bergsteigern benutzt, um zwei Leinen aneinander zu stecken. Er ist besonders sicher und hat sich bei Bergungen, auch in extremen Temperaturen, bei Nässe und bei Schockbelastung gut bewährt. Er gehört zur Familie der Englischen Knoten, weil er aus zwei gleichen Knoten besteht, jeder um die feste Part der anderen Leine gemacht, die zu einem zusammengezogen werden. Achte darauf, die nachstehenden Tipps zu lesen, falls die Leinen schockbelastet werden.

▲ **1.** Mache einen Achtknoten (S. 25) in das Ende einer Leine, hier in Pink dargestellt. Lass von der losen Part ein Ende von etwa 15 cm herausstehen..

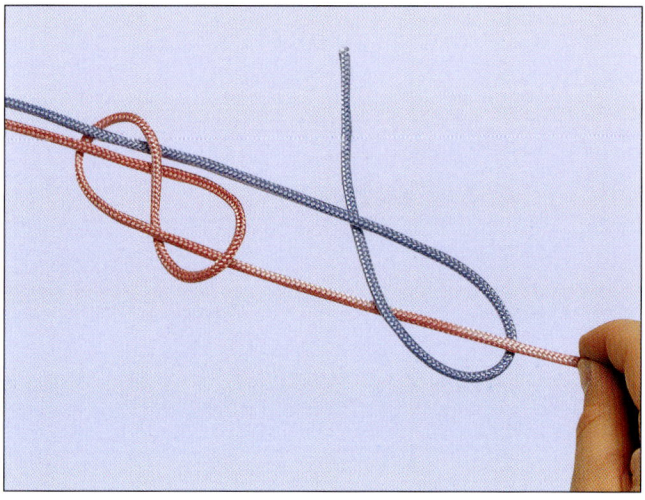

▲ **2.** Stecke die zweite Leine, hier blau, entgegengesetzt und parallel zur ersten losen Part durch die Acht. Lege ein Unterhandauge im Uhrzeigersinn um die erste feste Part.

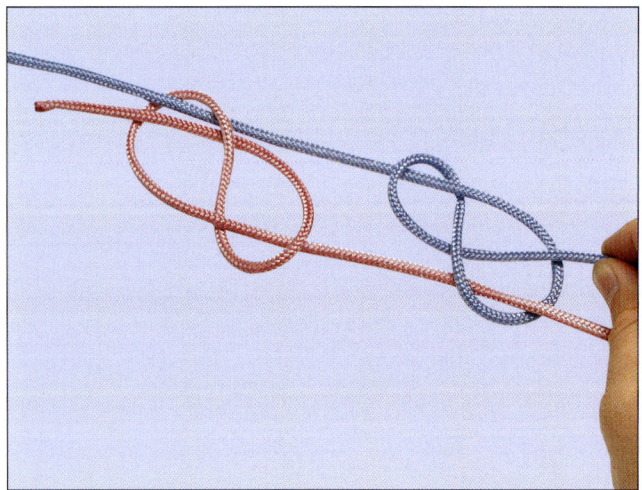

▲ **3.** Beende den Achtknoten und lege die losen Parten wie auf dem Foto gezeigt.

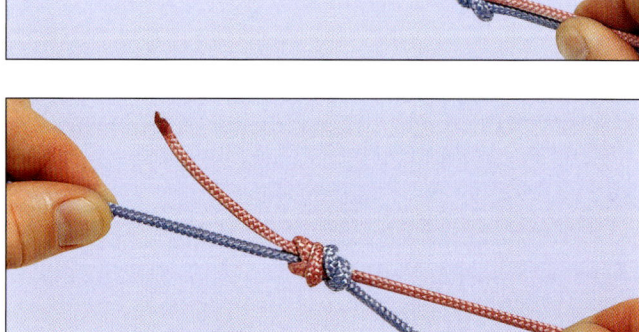

▲ **4.** Ziehe den Knoten an beiden festen Parten zusammen, sodass sich die beiden Knoten in der Mitte vereinen.

Tipps

Bei Schockbelastung achte auf Folgendes: Lass die Knoten ein wenig auseinander, der Ruck an einem Ende wird ihn festziehen, und so wird der Knoten Energie aufnehmen. Lass mindestens 20 cm lose Part an jeder Seite herauskommen, wenn die Leinen schockbelastet werden.

Übliche Anwendungsgebiete

- Segeln
- Klettern
- Freiluftsport
- Allgemeiner Gebrauch

Hilfsleinenknoten

Er wurde zuerst 1912 in Hjalmar Ohrvalls *De Viktigaste Knutarna* erwähnt und ist im *ABDK* unter Nr. 1463 als Hievleinenknoten aufgeführt. Es ist ein sehr sicherer Knoten und er sollte öfter benutzt werden. Beliebter ist jedoch der Schotstek (S. 90), er wird häufiger angewendet. Der Hilfsleinenknoten hat seine Vorteile in größerer Sicherheit und kann auch da gut angewendet werden, wo der

Unterschied in der Dicke der Leinen größer ist. Cyrus Day beschreibt eine unterschiedliche Version dieses Ansteck-Knotens, er benutzt mehrere Rundtörns und zum Abschluss einen halben Schlag. Beide Methoden halten gut, aber die hier gezeigte ist einfacher und schneller zu machen, wenn eine Hilfsleine an eine Trosse gesteckt werden soll.

▲ **1.** Lege die lose Part der dünnen Leine über das Auge oder die Bucht der dickeren Leine und stecke sie dann von unten hindurch. Bilde so ein Überhandauge im Uhrzeigersinn.

▲ **2.** Stecke die lose Part so zurück durch das Auge oder die Bucht, dass sie links unten herauskommt.

▲ **3.** Stecke die lose Part zurück durch das erste Überhandauge, sodass sie unter der festen Part hindurchläuft.

▲ **4.** Drücke das Auge oder die Bucht in der dicken Leine fest zusammen und ziehe den Knoten an der festen Part der dünnen Leine zu.

Tipps

Mache diesen Knoten nicht in das Auge eines Taus, das über einen Poller gelegt werden soll. Es ist besser, eine Bucht in das Tau zu legen und den Knoten dort zu stecken, dann bleibt das Auge für den Poller frei.

Übliche Anwendungsgebiete

• Segeln   • Freiluftsport

Shake Hands

Dieser nützliche und einfache Knoten ist einer von denen, auf die der unvergessene Dr. Harry Asher hingewiesen hat, und er verdient einen der vorderen Plätze in deinem Knoten-Repertoire. Dieser Ansteck-Knoten ist auch in Roger Miles' Buch *Symmetric Bends* als einfach zu nutzen und zu öffnen aufgeführt, ein Kommentar, der sich in der Praxis bestätigt hat. Im *ABDK* präsentiert Ashley ihn wegen seiner Symmetrie als Zierknoten und macht ihn in der laufenden Leine, anstatt ihn mit der losen Part zu stecken. Der Knoten ist höchst einfach zu machen, er besteht aus zwei ineinander verschlungenen Überhandknoten.

◄ **1.** Lege mit einer losen Part ein Überhandauge gegen den Uhrzeigersinn.

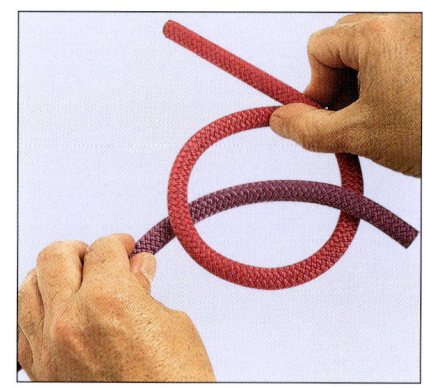

◄ **2.** Stecke die lose Part der zweiten Leine von unten durch das erste Auge. Das ergibt ein Ineinandergreifen der später zu machenden Überhandknoten (S. 24).

◄ **3.** Nimm die lose Part der zweiten Leine und bilde ein Unterhandauge im Uhrzeigersinn, führe dabei die lose Part unter der eigenen festen Part hindurch.

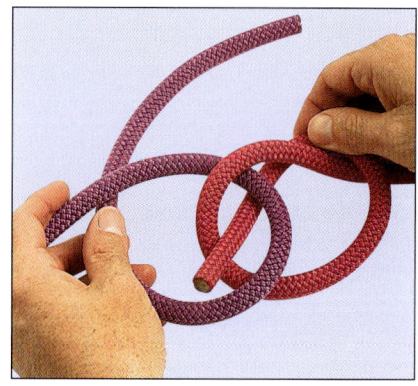

◄ **4.** Halte die beiden verschränkten Augen fest und stecke die erste lose Part von unten durch deren gemeinsame Öffnung.

◄ **5.** Stecke die zweite lose Part von oben über die erste durch dieselbe Öffnung, sodass sich die losen Parten kreuzen und auf entgegengesetzten Seiten aus dem Knoten herauskommen.

◄ **6.** Ordne jeden der beiden Knoten und ziehe sie dann zu einem zusammen. Beide losen Parten sollen nun außerhalb des fertigen Knoten liegen.

Tipps

Um den Knoten nach Belastung zu öffnen, drücke das Auge mit den Daumen von der festen Part weg. Für zusätzliche Sicherheit befestige jede lose Part mit Tape an ihrer festen Part, damit sie sich nirgendwo verfängt.

Anwendungen

• Segeln
• Klettern
• Freiluftsport

Einfacher Simon Doppelt

Der Einfache Simon Doppelt (einer der Simon-Knoten von Dr. Harry Asher) scheint auf den Fotos sehr kompliziert zu sein, ist aber ganz einfach, wenn du an den Französischen Prusik-Knoten (S. 69) denkst, bei dem ein Stropp um eine Leine gelegt wird, in diesem Fall um die Bucht einer dickeren Leine. Der Knoten ist sehr sicher, besonders wenn eine feine Schnur um eine schwere Trosse oder um eine

Leine ganz anderer Qualität, wie Polypropylen oder geflochtenem Material, gelegt wird. Achte aber darauf, diesen Knoten sorgfältig zu machen.

Wie hier gezeigt wird, kannst du den Knoten auch mit Leinen gleicher Dicke machen, auch wenn es andere Knoten gibt, die zum Anstecken gleicher Leinen sehr gut geeignet sind.

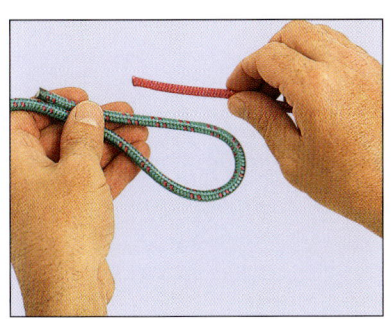

◀ **1.** Bilde in der dickeren Leine eine Bucht, in diesem Foto in der linken Hand. Die lose Part kann an jeder Seite anliegen.

◀ **2.** Stecke die dünnere zweite Leine von oben durch die Bucht und führe sie um die feste Part der Bucht nach links. Lege sie dann über beide Parten der Bucht.

◀ **3.** Wickle die dünnere Leine noch einmal um die Bucht und führe sie dann wieder nach rechts. Die dünnere Leine liegt nun zweimal um die Bucht.

◀ **4.** Wickle die dünnere Leine über sich selbst zurück und bekneife so die ersten Wicklungen.

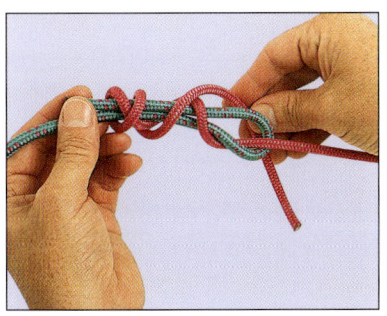

◀ **5.** Lege die dünnere Leine noch einmal herum wie bei Schritt 4 und führe die lose Part der dünneren Leine wieder hinter die Bucht.

◀ **6.** Stecke die dünnere lose Part entlang der eigenen festen Part von hinten durch die Bucht.

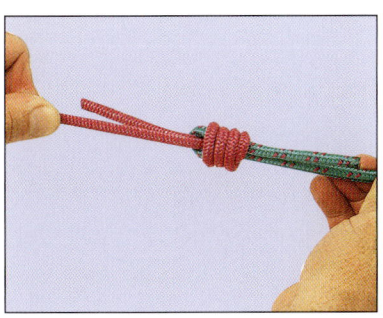

◀ **7.** Ordne den Knoten und achte darauf, dass die Wicklungen sauber nebeneinander um die Bucht liegen. Ziehe den Knoten an beiden festen Parten zu.

Tipps

Um nasse oder glatte Leinen wickle die dünnere noch öfter herum – zusätzliche Windungen erhöhen die Reibung und damit die Sicherheit. Dieser Knoten hält auch gut, wenn anstelle der dünnen Leine Band- oder Gurtmaterial an eine geschlagene oder geflochtene Leine angesteckt wird. Probiere es aber vorher aus!

Anwendungen

• Segeln
• Freiluftsport
• Allgemeiner Gebrauch

Stroppknoten

Der Stroppknoten wird im Englischen auch »Lark's Foot« (Lerchen-fuß) oder »Girth Hitch« (Gurtstek) genannt, weil er beim Gurtzeug der Packpferde benutzt wurde. Beim Klettern ist er ideal, weil er auch unter Stress einfach in genähte oder geknotete Gurtschlaufen gemacht werden kann und garantiert hält. Beim Klettern wer-den oft Schlingen oder Stropps zur Sicherung verwendet, deshalb ist dieser Knoten für deren Anbringung bestens geeignet. Der Knoten reduziert jedoch die Belastbarkeit (etwa 30 %) und sollte nicht angewendet werden, wenn der Gurt als Verankerung dient oder dynamisch belastet wird.

◁ **1.** Öffne das Auge, an dem der Stropp befes-tigt werden soll, und stecke die zweite Schlin-ge hindurch.

◁ **2.** Öffne die zweite Schlinge und stecke sein anderes Ende ungeöff-net hindurch.

◁ **3.** Schiebe die Schlin-ge über das erste Auge und ziehe den Knoten an beiden festen Parten zu.

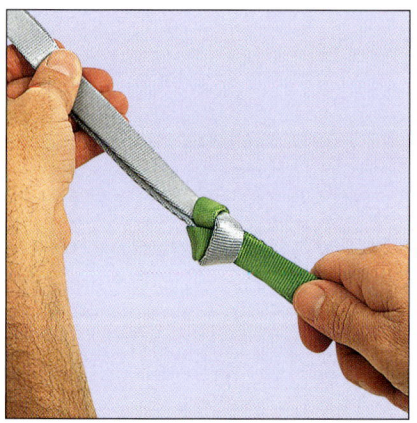

◁ **4.** Wenn die beiden Schlingen zusammen-gezogen sind, bilden sie einen Kreuzknoten (S. 131). Achte darauf, dass die Parten nicht verdreht sind!

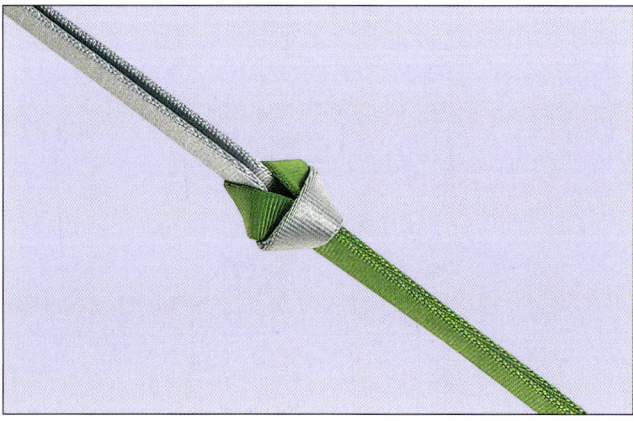

Tipps
Benutze diesen Ansteck-Knoten, um Gummileinen zur Verlängerung aneinan-der zu stecken.

Übliche Anwendungsgebiete
• Klettern
• Freiluftsport
• Allgemeiner Gebrauch

Zeppelinknoten

Dieser Ansteck-Knoten, der auch Rosendahl-Knoten genannt wird, ist einer meiner Favoriten, weil er einfach ist und auch wegen der Geschichte, die dahinter steckt. Leutnant, später Vizeadmiral Charles Rosendahl (1892 – 1977) bestand darauf, dass nur dieser Knoten benutzt werden durfte, um seine Luftschiffe im Zweiten Weltkrieg anzubinden, weil er so leicht zu machen und zu lösen ist und doch sicher bleibt, selbst bei schwerem Rucken. Es wird erzählt, dass er jeden anderen Knoten auf der Stelle gelöst und ersetzt hätte. Das Lösen wird erleichtert, wenn man die Buchten erkennt und sie aus ihrer Lage drückt.

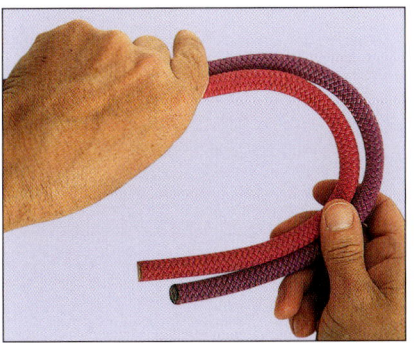

◀ **1.** Lege mit den parallel gehaltenen Leinen eine Bucht im Uhrzeigersinn.

◀ **2.** Nimm die innere Leine und bilde ein vollständiges Auge.

◀ **3.** Lege die lose Part dieser Leine um beide Leinen herum und stecke es von unten durch das gerade gebildete Auge nach vorn.

◀ **4.** Bringe die feste Part der zweiten Leine über ihrer losen Part nach rechts. Es bildet sich ein Auge mit ihrer losen Part unter der festen Part.

◀ **5.** Stecke die zweite lose Part durch das Auge parallel zur ersten losen Part, aber in entgegengesetzter Richtung.

◀ **6.** Ordne den Knoten und ziehe ihn an festen und losen Parten zusammen.

Tipps

Der Knoten kann auch gemacht werden, indem man einen Überhand- und einen Unterhandknoten übereinander legt. Drehe die obere lose Part um und lege sie hinunter um die Augen und durch die Mitte wieder nach oben, dann die untere lose Part hinauf um die Augen und hinunter durch die Mitte der Augen. Zum Öffnen drücke die Augen von der Mitte des Knotens fort und ziehe sie auf.

Anwendungen

• Segeln
• Freiluftsport
• Allgemeiner Gebrauch

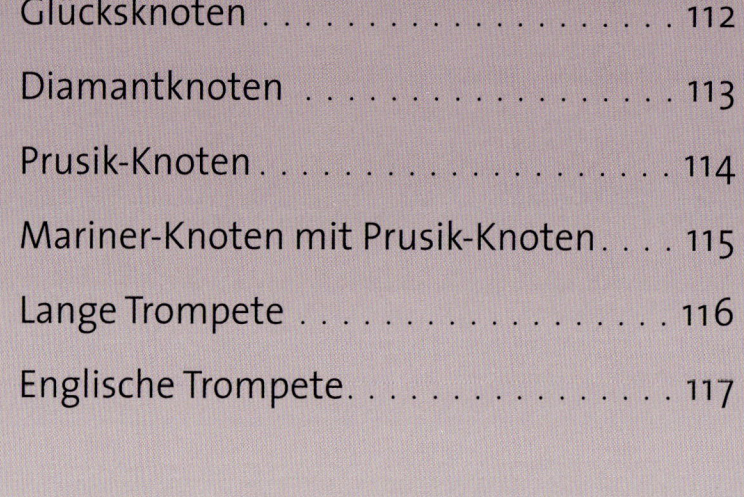

Spezialknoten

Knoten werden in das Ende einer Leine gemacht, um Strukturen zu erreichen, die nicht Schlingen oder Stopper sind. Knoten dienen vielen Zwecken und unterscheiden sich von Steks, Ansteckknoten, Plattings, Zurrings und Schlingen.

Ein Knoten ist jede Verschlingung im Tauwerk außer den Ungewollten, wie Wirrwarr und Kinken (...), und außer Plattings, Spleißen, Steks und Ansteck-knoten.

Clifford Ashley, 1944

Die hier aufgeführten Spezialknoten können Grundlage für andere Knoten sein oder für sich selbst stehen; sie sind eine brauchbare Ergänzung des Repertoires eines Knoten-Machers.

Glücksknoten

Dieser hübsche, aus China stammende Knoten kann in der Hand geknüpft oder auf einem Tisch ausgelegt werden; er kann als Zierknoten am Griff eines Reißverschlusses angebracht werden oder am Rückspiegel deines Autos hängen. Ich habe ihn aus chinesischer Seide als Schmuck an Lesezeichen gemacht.

Er wird hier Glücksknoten genannt, die Autorin Lydia Chen stellt in ihrem Buch *Schmuck-Knoten* fest, dass der Knoten ursprünglich keinen Namen hatte, auch wenn Ashley ihn 1944 Kleeblattknoten nennt. Es ist ganz augenscheinlich ein Knoten, der Glück verspricht.

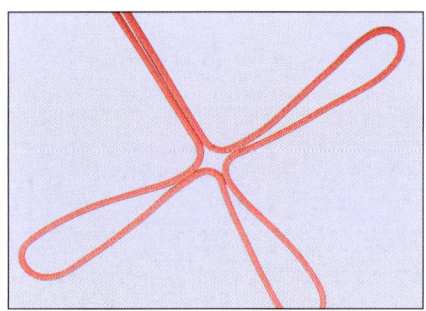

▲ **1.** Lege in der Mitte einer Leine drei oder, für den Knoten mit vier Schlaufen, das Glückskleeblatt, Nr. 2439 *ABDK*, vier Buchten.

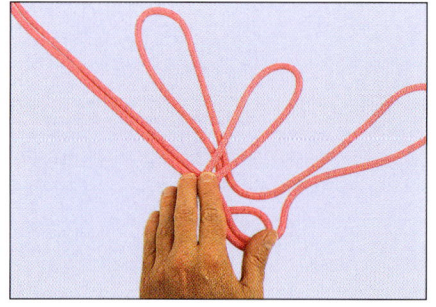

▲ **2.** Forme einen Kronenknoten (S. 29), indem du im Uhrzeigersinn jede Bucht über ihre Nachbarbucht legst. Lass den ersten Knick weit genug offen, um Schritt 3 machen zu können. Die parallelen Parten können wie eine Bucht behandelt werden.

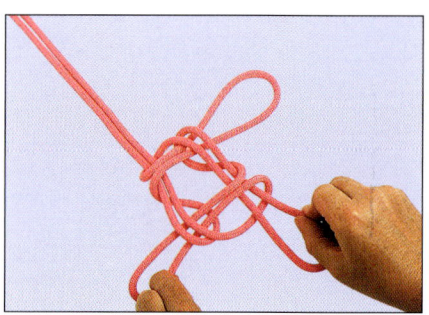

▲ **3.** Stecke die letzte Bucht unter der ersten Bucht, deren Knick du etwas offen gehalten hast, hindurch. Hier erkennst du die Buchten und das Partenpaar.

▲ **4.** Ordne den Knoten, indem du jede Bucht und das Partenpaar hinreichend festziehst. Dein Knoten sollte nun so aussehen – fast fertig.

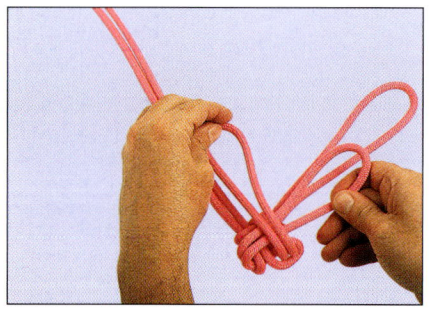

▲ **5.** Wiederhole die Schritte 2 - 4, dieses Mal gegen den Uhrzeigersinn. Lege die ganz linke Bucht über die untere und dann die untere über die rechte.

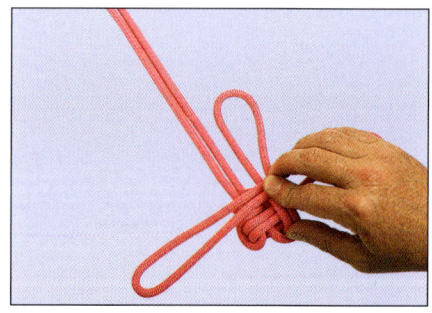

▲ **6.** Lege die rechte Bucht über das Partenpaar und dann ...

▲ **7.** ... stecke das Partenpaar unter der ersten Bucht hindurch.

▲ **8.** Ordne den fertigen Knoten und ziehe ihn fest.

Tipps

Machst du den zweiten Durchgang in der gleichen Richtung wie den ersten, erhältst du eine interessante Variante.

Übliche Anwendungsgebiete

• Schmuck
• Allgemeiner Gebrauch

Diamantknoten

Der Diamantknoten, auch als Bordmesser-Bändselknoten bekannt, kann am Griff eines Reißverschlusses angebracht werden. Er wird auch häufig an der Öse eines Schnappschäkels zum leichtern Öffnen eingesetzt oder als Anfang eines Takelmesserbandes am Bügel des Messers. Auch als Schlüsselanhänger, für Schmuck und für viele andere Verzierungen ist er sehr beliebt. Der hier gezeigte Bändselknoten basiert auf dem Trossenstek (S. 96) und kann – mit ein wenig Sorgfalt und Übung – in der Hand gemacht werden.

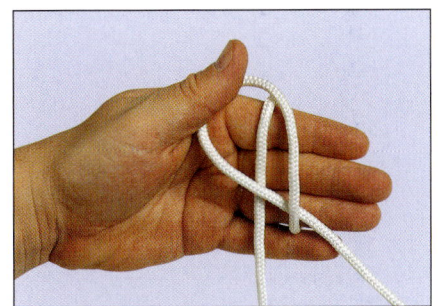

▲ **1.** Lege die Leine von hinten nach vorn über deine Hand. Bringe die feste Part von hinten wie gezeigt zwischen den Fingern hindurch nach vorn und forme mit ihr ein Unterhandauge gegen den Uhrzeigersinn; lege das über die lose Part.

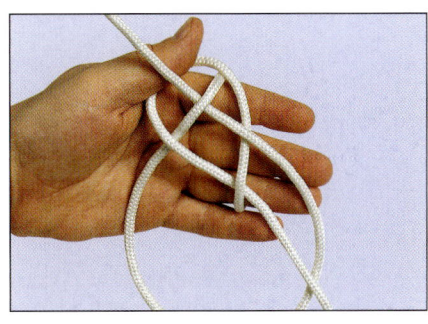

▲ **2.** Lege die lose Part unten um die feste herum und stecke sie dann unter dem rechten Teil des Auges, über sich selbst und unter dem linken Teil des Auges hindurch.

▲ **3.** Ordne den Knoten wie auf dem Foto gezeigt.

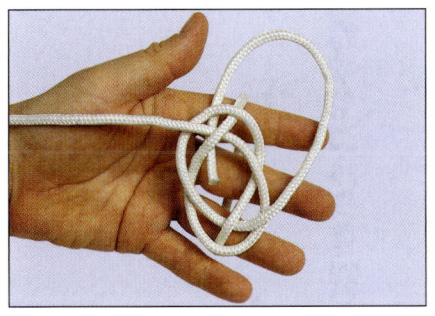

▲ **4.** Lege die feste Part gegen den Uhrzeigersinn um den Knoten herum und stecke sie von unten durch seine Mitte nach oben.

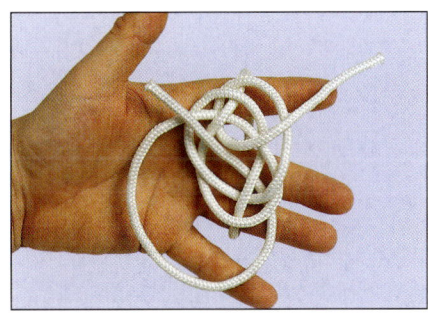

▲ **5.** Lege auch die lose Part gegen den Uhrzeigersinn um den Knoten und stecke sie von unten durch seine Mitte. Die Parten kommen nebeneinander aus dem Knoten heraus.

◀ **7.** Ordne den Knoten sorgfältig. Dazu musst du die Durchführungen einzeln nachziehen.

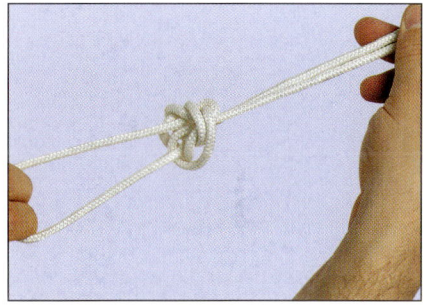

▲ **6.** Streife den Knoten von deiner Hand und ziehe ihn vorsichtig an beiden Enden halb fest.

Übliche Anwendungsgebiete

- Schmuck
- Allgemeiner Gebrauch

Tipps

Versuche es auch anders: Lege eine Bucht in die Mitte der Leine und diese um den Mittelfinger deiner linken Hand, sodass beide Parten in deiner Handfläche liegen. Führe das rechte Ende vor dem Mittelfinger und hinter dem kleinen Finger herum und verfahre dann wie oben beschrieben. Damit erzielst du ein größeres Auge, in das du vor Beginn der Arbeit die Öse eines Gegenstandes (Takelmesser, Schlüsselring etc.) hängen kannst. Bei Kunstfasertauwerk kannst du die Enden am Knoten abschneiden und sie in ihn hinein verschmelzen; das ergibt eine schönen Abschluss z. B. für einen Schlüsselanhänger.

Prusik-Knoten

Der Prusik-Knoten wurde im 1. Weltkrieg von Dr. Karl Prusik vermutlich bei der Reparatur gerissener Saiten von Musikinstrumenten benutzt. Er veröffentlichte ihn 1931 in einer österreichischen Bergsteiger-Zeitung und wurde später vom Höhlenforscher »Vertical Bill« Cuddington im Sommer 1952 bekannt gemacht. Es ist vielleicht der vielseitigste Knoten, um eine Verbindung zu einer Sicherungsleine herzustellen, er kann jedoch bei Nässe oder Frost rutschen.

◁ **1.** Bilde in einer Polyester-Leine (6 mm) mit einem Doppelten oder Dreifachen Englischen Knoten (S. 94 - 95) eine Schlinge. Öffne die Schlinge und lege sie hinter die Leine, an der der Prusik-Knoten gemacht werden soll. Die Schlinge sollte lang genug sein, um einen Karabiner oder einen Ring anzubringen.

◁ **2.** Stecke das verknotete Ende der Schlinge wie beim Kuhstek (S. 66) von vorn nach hinten um die Sicherungsleine durch seine eigene Öffnung.

◁ **3.** Wiederhole Schritt 2 und stecke das verknotete Ende ein zweites Mal durch. Achte darauf, dass die Windungen sich nicht kreuzen und sauber nebeneinander liegen.

◁ **4.** Nach dem Ordnen ziehe den verknoteten Teil der Schlinge fest zu und mache so einen Kinken in die Sicherungsleine.

◁ **5.** Der Knoten hält, weil er bei Belastung die Sicherungsleine knickt und mit seinen beiden Schlägen genug Reibung herstellt. Mache mehrere Rundtörns durch die Schlinge, um mit einem Doppelten oder Dreifachen Prusik-Knoten mehr Reibung zu erzeugen.

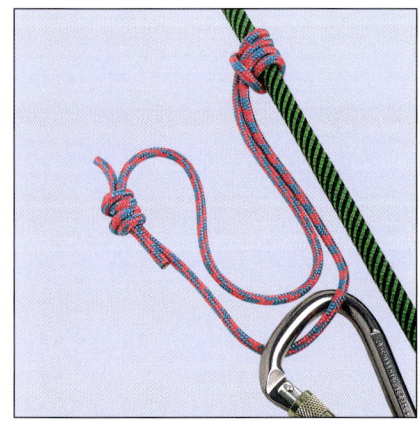

◁ **6.** Nach Einhängen des Karabiners kannst du den Knoten etwas lösen, indem du ihn unbelastet in Richtung Sicherungspunkt verschiebst. Ziehe den Knoten dann wieder fest, indem du die Schlinge belastest, bis die Sicherungsleine wieder einen Kinken aufweist.

Tipps

Ich habe diesen Knoten benutzt, um zusätzlich mit einem Fall gesichert an den Drahtwanten meiner Slup aufzusteigen. Ich kann den Knoten jedoch nicht für längere Auf- und Abstiege empfehlen.

Anwendungen

• Klettern
• Segeln
• Zelten
• Allgemeiner Gebrauch

Mariner-Knoten mit Prusik-Knoten

Dieser Knoten sieht zunächst wie ein Stek aus, er wird aber hier beschrieben, weil er benutzt werden kann, um in einer Leine einen Wirrwarr oder ein anderweitig genutztes Stück zu umgehen. Der Mariner-Knoten kann auch als Stopperknoten dienen, der vorübergehend das Gewicht eines abgestürzten Kletterers aufnehmen kann. Für diesen Zweck hält er auch in Gummistropps oder Gurtband sehr gut. Man weiß nicht, ob er nach seinem Erfinder oder irgendetwas Maritimem benannt wurde, aber er ist bestimmt Seeleuten, Bergsteigern und Rettungspersonal eine große Hilfe.

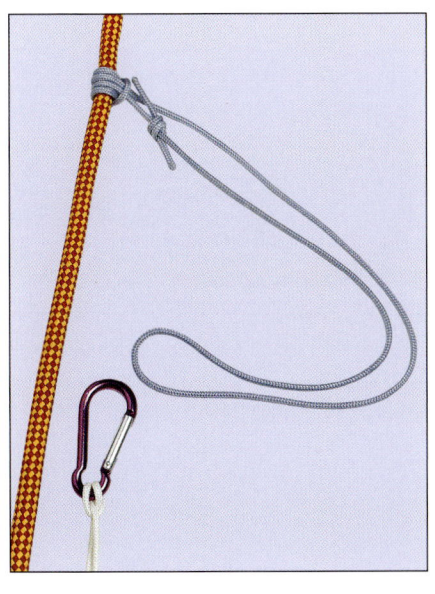

1. Befestige eine Schlinge aus 6 mm Schnur oder 12 mm Gurtband mit einem Prusik-Knoten an der Sicherungsleine. Stelle sicher, dass das Gurtband oder der Haltepunkt des Karabiners an einem anderen Punkt befestigt ist. Achte darauf, dass die Prusik-Schlinge klar liegt, damit sie als Stopper dienen kann. Lege die Schlinge über das Ende des Karabiners.

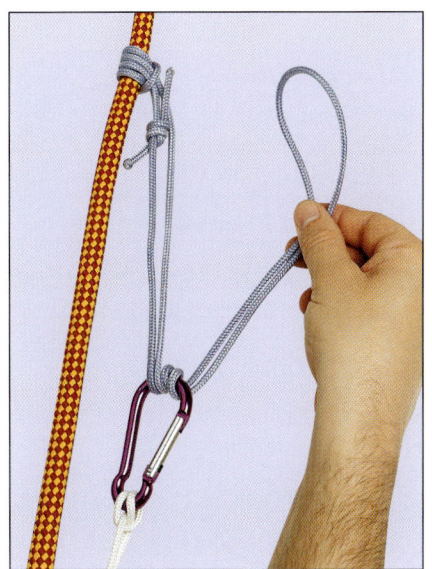

2. Wickle die Schlinge von vorn nach hinten zwei Mal um den Karabiner. Achte darauf, dass der Karabiner richtig sitzt, sodass der Schnapper nicht belastet wird! Stell auch sicher, dass die Wicklungen um den Karabiner sich nicht kreuzen und sauber nebeneinander liegen.

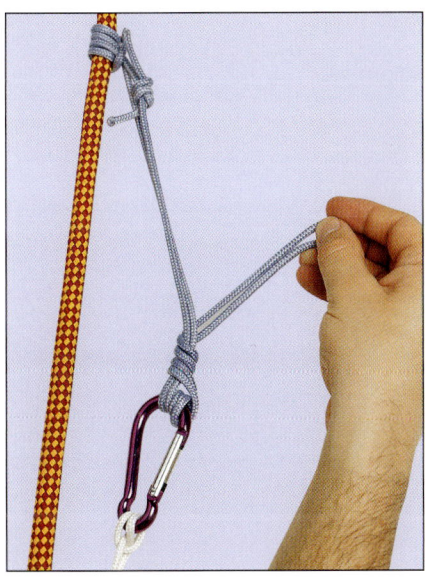

3. Lege nun die Schlinge von der hinteren Seite des Karabiners nach vorn und wickle sie vier- oder fünfmal um die feste Part der Schnur.

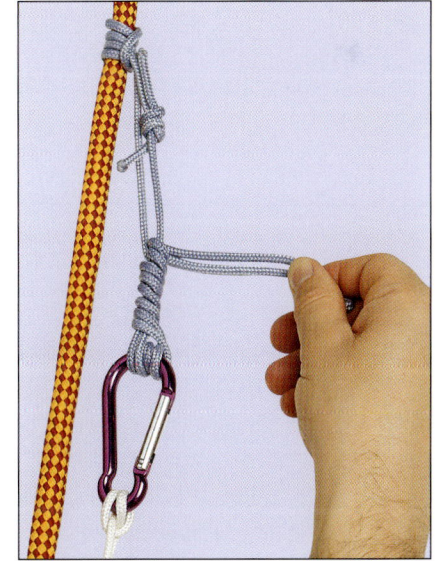

4. Der Knoten hält dadurch, dass er bei Belastung einen Kinken in die Sicherungsleine macht. Die Reibung verhindert ein Rutschen. Um die Reibung zusätzlich zu erhöhen, wickle das verknotete Ende noch öfter durch die Schlinge.

Sicherheit

Halte die Schlinge und die Sicherungsleine unter Spannung und gib nicht zu viel Lose auf den Knoten, sonst löst er sich.

Tipps

Benutzt du Gurtband, sorge dafür, dass es in allen Teilen flach liegt. Nimmst du Schnur, dann achte darauf, dass sie dünner als die Sicherungsleine ist.

Übliche Anwendungsgebiete

• Klettern
• Segeln

Lange Trompete

Die Lange Trompete ist hübsch und leicht zu machen, zu Unrecht wird dieser Knoten nur als Verkürzungsknoten bezeichnet. Er ist besonders nützlich, wenn eine Leine belastet werden soll, die in einem oder mehreren Abschnitten nicht mehr ganz zuverlässig erscheint. Er erlaubt, diese Abschnitte von der Belastung auszu-

schließen und die Leine trotzdem zu benutzen. Aber Vorsicht! Dieser Knoten hält nur unter dauerndem Zug. Die Belastungsfähigkeit einer Leine mit diesem Knoten sinkt auf etwa 80 % – ziemlich gut für eine defekte Leine!

1. Lege drei gleiche Unterhandaugen. Wenn du die rechte Hand rechts herum drehst, entsteht die Form automatisch. Das mittlere Auge nimmt in seiner Mitte die Schwachstelle der Leine auf.

2. Lege das mittlere Auge über das linke und unter das rechte Auge. Schiebe Zeigefinger und Daumen der rechten Hand durch das rechte Auge und ergreife die rechte Seite des mittleren.

3. Schiebe Daumen und Zeigefinger der linken Hand durch das linke Auge und ergreife die linke Seite des mittleren. Nun hast du beide Seiten des mittleren Auges zwischen den Fingern.

4. Ziehe die Seiten des mittleren Auges durch die anderen beiden Augen nach links und rechts heraus. Der beschädigte Teil der Leine sollte oben zwischen den beiden Augen liegen, da die Leine dort am wenigsten belastet wird.

5. Ziehe den Knoten ganz zu und ordne ihn. Achte darauf, den Knoten unter Spannung zu halten.

Tipps

Wenn du möchtest, dass der Knoten nicht auseinander fällt, ziehe entweder – wenn möglich – die festen Parten durch die äußeren Buchten oder stecke Holzstückchen durch sie hindurch, dann ziehe den Knoten ganz fest.

Übliche Anwendungsgebiete

• Segeln
• Klettern
• Zelten
• Allgemeiner Gebrauch

Englische Trompete

Diese Variante der Langen Trompete wurde um 1800 als Zierknoten gebraucht. Darcy Lever (1808) und William Brady (1847), beide Autoren grundlegender Bücher über Seemannschaft, führen die Lange Trompete als Verkürzung für Backstagen oder ähnliche Leinen auf Rahseglern auf. Ashley und Graumont & Hensel beschreiben viele Varianten der Trompete bzw. der Schafsknoten, wie die-

se Knotenfamilie auch genannt wird. Die Englische Trompete ist sicherer als die Lange Trompete, der einfache Schafsknoten liegt irgendwo dazwischen.

Ich habe bisher nur wenige getroffen, die die Englische Trompete auch nur einmal im Leben gemacht haben. Du kannst der Erste in deiner Gegend sein!

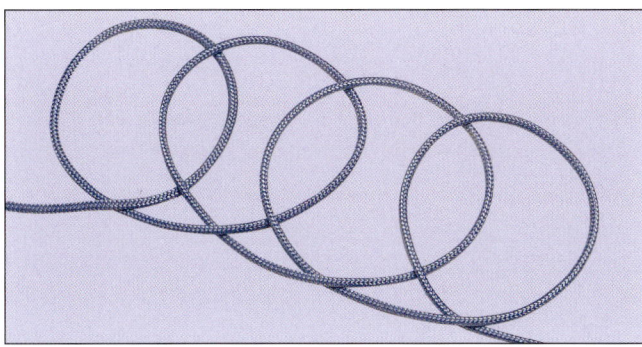

▲ **1.** Lege vier Unterhandaugen, ähnlich wie bei der Langen Trompete. Lege jedes über seinen linken Nachbarn, das ganz rechte zuletzt. Ordne die Augen so an wie im Foto zu sehen.

▲ **2.** Richte dein Augenmerk auf die beiden mittleren Augen und fasse von unten durch das äußere rechte Auge an die rechte Seite des zweiten Auges von links.

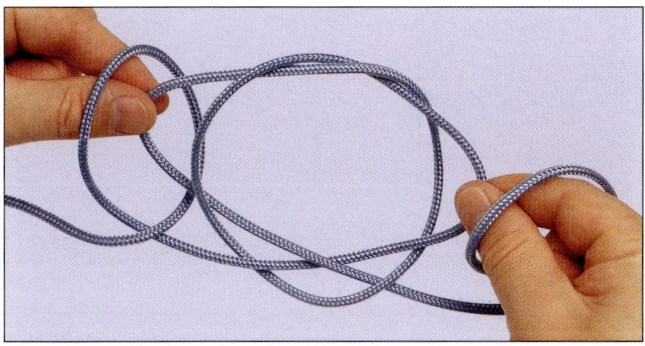

▲ **3.** Fasse von unten durch das ganz linke Auge die linke Seite des zweiten Auges von rechts.

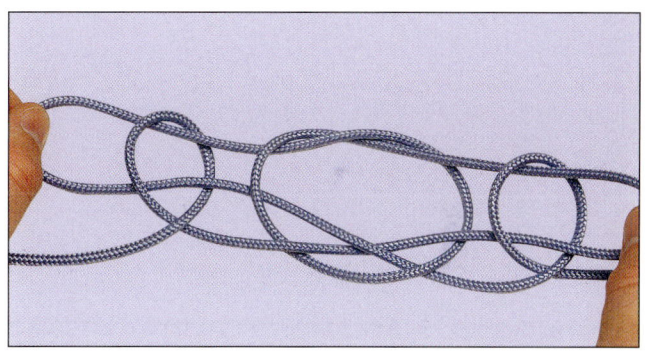

▲ **4.** Halte die ergriffenen Augen fest und ziehe sie langsam und sorgfältig auseinander. Du siehst, wie sich in der Mitte ein Kreuzknoten bildet.

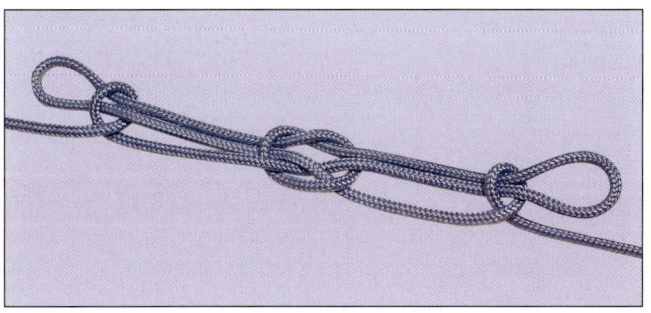

▲ **5.** Schiebe die beiden Augen aus der Mitte und ziehe den Knoten fest. Achte darauf, dass nur die beiden festen Parten belastet werden, damit die Augen sich fest um die Buchten schließen und den Knoten halten.

Tipps

Dieser dekorative Knoten eignet sich gut als Zentrum eines Knotenbretts.

Übliche Anwendungsgebiete

• Segeln
• Schmuck
• Allgemeiner Gebrauch

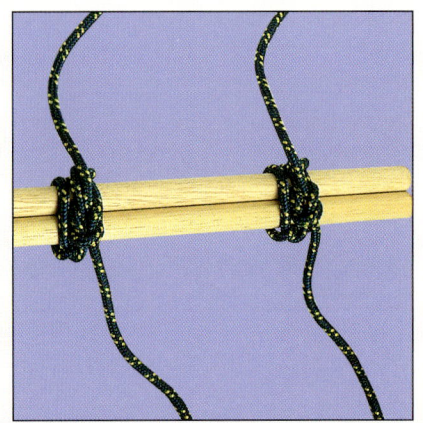

Bindeknoten und Laschings

Bindeknoten werden benutzt um zu verhindern, dass eine Leine aus der gewünschten Position rutscht oder zu früh ihren Halt verliert.

Es gibt zwei Sorten Knoten, um Dinge zusammenzuhalten. Die erste wird um ein Objekt mit großem Durchmesser gebunden (...). Die zweite dient kleinen Durchmessern.

Geoffrey Budworth, 2000

Bindeknoten und Laschings ähneln den Steks. Sie binden Leinen oder Gegenstände so zusammen, dass sie eine Einheit werden, und verhindern ein Auseinanderfallen. Bindeknoten sind keine Spezialhilfen für Kletterer, Seeleute oder Bauarbeiter, sondern sie sind die älteste und alltäglichste Form des Knotens, um Gegenstände zu befestigen.

Würgestek

Er ist vielleicht der vielseitigste Knoten im Repertoire eines Knotenbinders – mit einfacher Form und so fest wie eine Schlauchschelle aus Stahl. Er kann mit einer oder beiden Händen gemacht werden und hält immer. Seine Enden können kurz abgeschnitten werden, ohne dass er seine Sicherheit verliert. Trotzdem, verwende ihn mit Vorsicht – bei Rotation kann er sich lösen, und wenn du ihn zu fest ziehst, kannst du ihn nur noch aufschneiden.

◁ **1.** Beginne den Knoten wie einen Webeleinstek (S. 60), siehe Foto. Um einen Doppelten Würgestek zu machen, lege parallel zum ersten noch einen zweiten Rundtörn.

◁ **2.** Beende den Webeleinstek, indem du die lose Part parallel zum ersten Rundtörn der festen Part unter der Kreuzung durchsteckst.

◁ **3.** Lege die lose Part über die parallele feste Part, sodass sie an einer Seite des Webeleinsteks (auf dem Foto links) liegt, und gib in die feste Part etwas Lose, um Schritt 4 in Angriff zu nehmen.

◁ **4.** Stecke die lose Part von außen nach innen unter der festen Part auf der Rückseite des Knotens hindurch. Die lose und die feste Part sollten nun zwischen den beiden Teilen des Knotens herauskommen. Zieh den Knoten zum Schluss fest zu.

Übliche Anwendungsgebiete

• Segeln
• Freiluftsport
• Allgemeiner Gebrauch

Tipps

Versuche alle Teile des Knotens auf der Rückseite parallel und so dicht wie möglich nebeneinander zu halten, damit sie gemeinsam das Objekt zusammenhalten. Wenn die Leine zu glatt ist, stecke den Überhandteil ein zweites Mal durch (eine Kombination von Webeleinstek und Überhandknoten); so kommst du zu einem halben Chirurgenknoten.

Würgeknoten

Er soll zum ersten Mal 1916 beschrieben worden sein und Geoffrey Budworth hat ihn vor kurzem in seinem Buch *Knoten, Das große Praxis-Handbuch*, aufgenommen, weil er unter Last wirklich haltbar und sehr vielseitig ist. Er ist jedoch nicht schwer zu binden. Er kann in der Hand gemacht und dann über einen Gegenstand gelegt werden.

Wie der Würgestek basiert er auf dem Webeleinstek, kombiniert mit dem Überhandknoten (Tipps S. 120), aber er wird anders gekreuzt. Der Würgeknoten ist nicht so sicher wie der Würgestek, er kann auch nicht so schnell zugezogen werden, ist aber sehr hilfreich und kann auch in ein Band, einen Gurt oder Gummistropp gemacht werden.

▲ **1.** Beginne den Knoten wie einen Webeleinstek (S. 60), lege nach dem Rundtörn die lose Part von rechts nach links über die feste Part.

▲ **2.** Stecke die lose Part von links nach rechts unter der festen Part durch. Bis hierher kann der Knoten auch in der Hand gemacht werden, um ihn dann über das Objekt zu legen.

▲ **3.** Lege die lose Part von rechts über die feste Part und mache sie klar zum Durchstecken unter dem ersten Rundtörn.

▲ **4.** Stecke die lose Part von links nach rechts unter der festen Part durch. Ordne den Knoten und ziehe ihn fest.

Übliche Anwendungsgebiete

- Segeln
- Freiluftsport
- Allgemeiner Gebrauch

Tipps

Du kannst den Knoten fertig machen, bevor du ihn über einen Pfahl legst: Beginne mit einem Doppelten Überhandknoten (S. 24), der lose über die Finger gelegt wird, dann drehe den rechten Teil nach oben über den doppelten oberen Teil. Die entstehende Achtform kann dann nach unten geklappt und über einen Gegenstand geschoben werden.

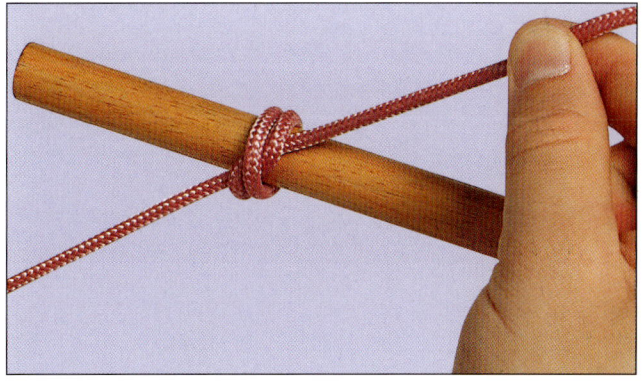

Boa-Knoten

Der dritte Bindeknoten, der auf der immer wiederkehrenden Webelein-Überhandknoten-Kombination basiert, ist der Boa-Knoten. Er ist zwar fester als Würgestek oder Würgeknoten, kann aber nicht so einfach zugezogen werden, weil in seinen Rundtörns mehr Reibung besteht. Der Boa-Knoten eignet sich besonders gut für den Gebrauch bei Nässe, wozu die vorherigen Knoten weniger geeignet sind. Dieser Knoten kann auch angewendet werden, wo es Wechsel zwischen nass und trocken gibt. Er ist auch gut brauchbar, wo das umknotete Objekt dicht am Knoten kurz abgeschnitten werden soll. Er wurde 1996 für diesen Zweck von Peter Cullingwood, dem bekannte Meisterweber in Großbritannien, eingeführt.

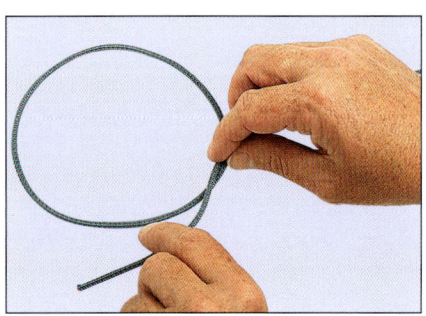

◀ **1.** Beginne mit einem Überhandauge im Uhrzeigersinn mit der losen Part nach links unten.

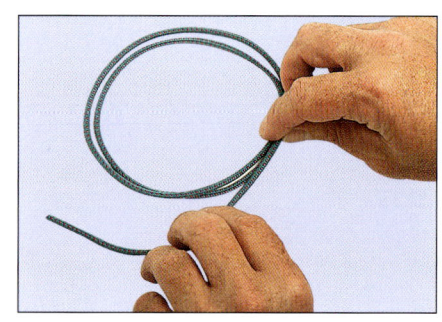

◀ **2.** Füge ein zweites Überhandauge hinzu. Es sollte genau auf dem ersten liegen.

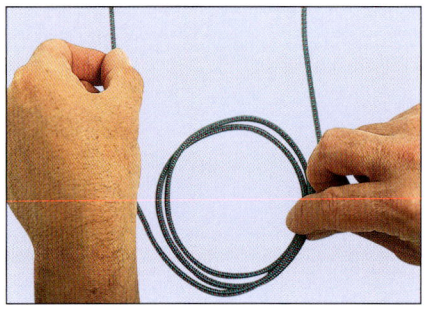

◀ **3.** Bringe die lose Part nach links oben, sodass jetzt links und rechts drei Parten zwischen deinen Fingern liegen.

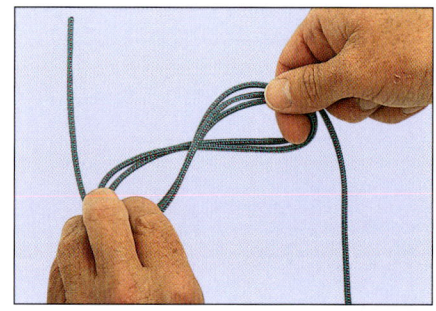

◀ **4.** Drehe die drei rechten Parten nach oben (rechts herum, von dir fort). Die feste Part zeigt nun (rechts) auf dich, die drei Parten oben zum Objekt.

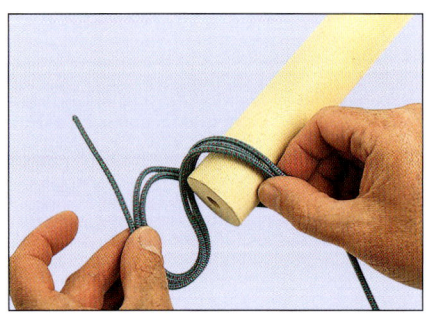

◀ **5.** Schiebe den Knoten nun über das Objekt; dabei liegen die rechten und linken Parten oben nebeneinander und die sich kreuzenden Teile unten.

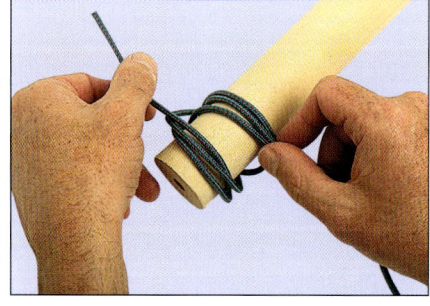

◀ **6.** Schiebe den Knoten ganz auf das Objekt und ziehe feste und lose Part auseinander, damit der Knoten fest wird.

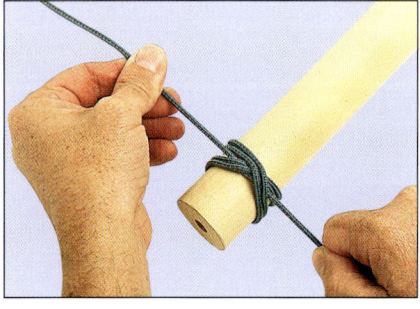

◀ **7.** Ordne den Knoten und ziehe alle Parten gleichmäßig fest um das Objekt. Achte darauf, dass du dabei den Törns um das Objekt folgst, damit der Knoten gut sitzt.

Übliche Anwendungsgebiete

• Segeln   • Allgemeiner Gebrauch
• Freiluftsport

Tipps

Achte darauf, dass alle Parten parallel dicht nebeneinander liegen, sonst hat der Knoten mehr Verdrehungen als beabsichtigt und lässt sich nur schwer zuziehen.

Doppelter Achtknoten-Stek

Der Doppelte Achtknoten-Stek wird so genannt, weil er gewöhnlich um ein anderes Objekt gesteckt wird. Er wird hier aufgeführt, weil er ein guter Bindeknoten ist. Die Acht ist eine feste Struktur und erlaubt den Gebrauch einer geschlagenen Leine, ohne sie zu verformen oder zu stark zu belasten. Seine Haltbarkeit beruht auf den wiederholten Kreuzungen in der Mitte.

1. Beginne mit einem Unterhandauge im Uhrzeigersinn in der losen Part, die dann unter der festen Part liegt. Damit ist das erste Auge fertig.

2. Lege mit der festen Part ein Überhandauge gegen den Uhrzeigersinn zur Acht.

3. Folge dem ersten Auge mit der festen Part, indem du die Leine auf das erste Auge legst, dieses Mal aber ohne sie unter sich selbst hindurch zu führen.

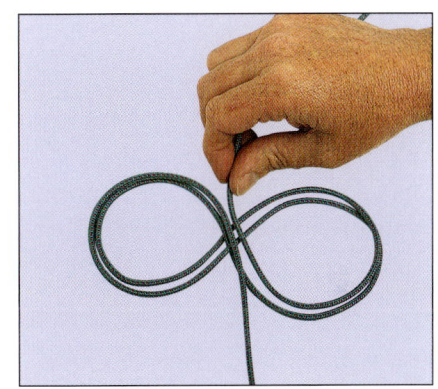

4. Schließe die Acht mit der losen Part und derselben Figur gegen den Uhrzeigersinn ab.

5. Schiebe die Spiere von unten durch den linken Stapel der Augen, dann vorn über die Kreuzungen und von oben durch den rechten Stapel.

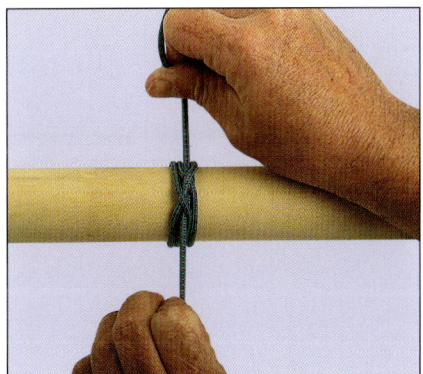

6. Ziehe den Knoten an beiden Parten gleichmäßig zu.

Tipps

Der Knoten kann genauso hoch wie die Leine belastet werden. Der Verlauf im Knoten stellt sicher, dass die feste Part direkt von der Spiere weg führt. Die folgenden Rundtörns bekneifen die vorherigen Törns und bilden so einen sehr sicheren Knoten.

Übliche Anwendungsgebiete

- Segeln
- Allgemeiner Gebrauch
- Freiluftsport

Flaschenknoten mit Ashers Ausgleicher

Mit diesem Knoten lässt sich eine Leine um einen Flaschenhals befestigen. Dr. Harry Asher führte dazu den Ausgleicher mit zwei Trageschlaufen ein. Die Flasche muss eine Verdickung am Hals oder einen zunehmenden Durchmesser haben, damit der Knoten Halt findet.

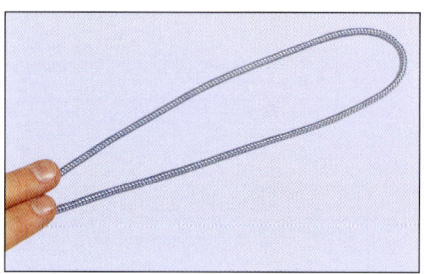

◁ **1.** Knote eine etwa einen Meter lange Leine mit einem Doppelten Englischen Knoten zu einer Schlinge. Lege diese Schlinge in Form einer Bucht dem Knoten gegenüber.

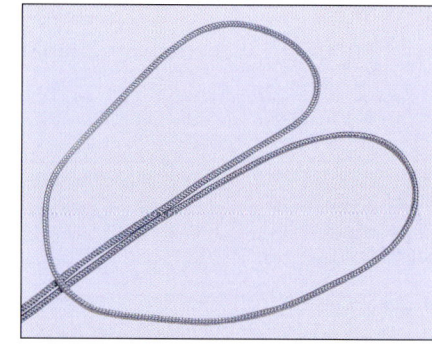

◁ **2.** Öffne die Bucht und lege sie über die anderen Parten in Richtung Knoten. Jetzt sollten zwei Augen entstanden sein, ein oberes und ein unteres und eine Bucht mit dem Knoten links.

◁ **3.** Schiebe das untere Auge über das obere und ziehe eine Bucht aus der linken Seite des oberen Auges unter die linke Seite des unteren Auges (links unter links).

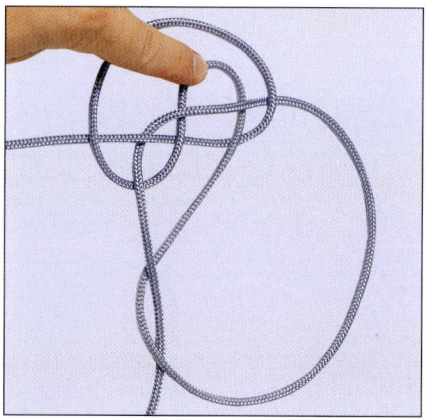

◁ **4.** Lege die Bucht nach oben und dann, wie hier gezeigt, unter die sich kreuzenden Parten (links ganz nach oben).

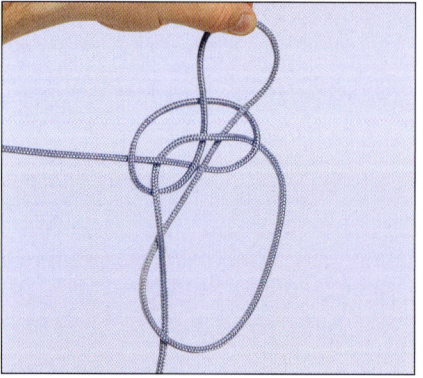

◁ **5.** Ziehe die Bucht durchs obere Auge und über dessen obere Part. Dabei wird die Bucht kleiner.

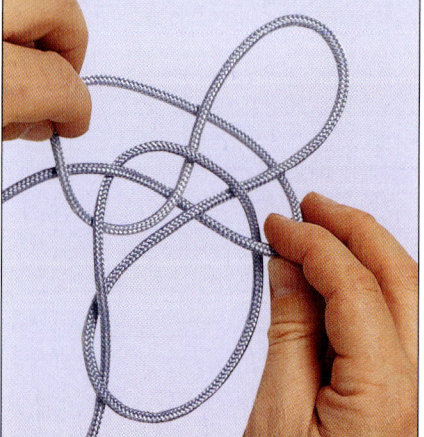

◁ **6.** Klappe das obere Auge herunter und bringe es unter den ganzen Knoten, indem du deine Hände von der Außenseite zur Innenseite drehst (dreh' es runter).

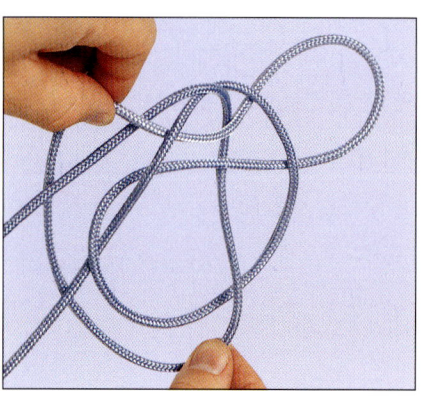

◁ **7.** Hier siehst du den Knoten nach Schritt 6 und den Beginn von Schritt 8.

Tipps

Halte dich an die Fotos, wenn du diesen Knoten übst. Denk an den alten Witz über ein junges Mädchen, das mit ihrem Geigenkasten an der New Yorker Central Station ankam und einen Taxifahrer fragte, wie sie am besten zur Carnegie Hall käme. Dessen lakonische Antwort: »Üben, Mädchen, üben, üben!«

8. Klappe das untere der ursprünglichen zwei Augen unter den Knoten, damit ist er fertig, um über den Flaschenhals gelegt zu werden (von oben nach unten).

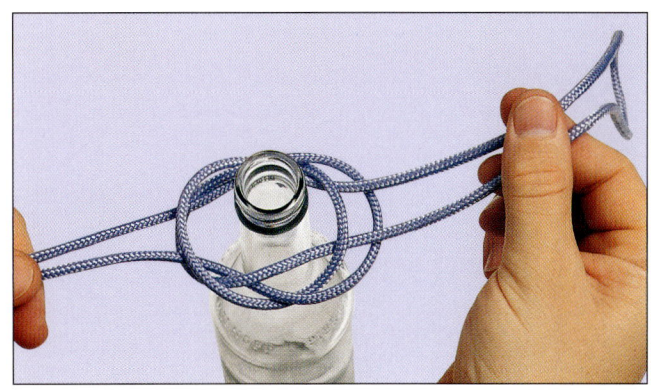

▲ **9.** Schiebe den Knoten über den Flaschenhals.

◀ **10.** Ziehe die Schlinge fest um den Hals der Flasche oder des Kruges zu. Der Flaschenknoten ist fertig.

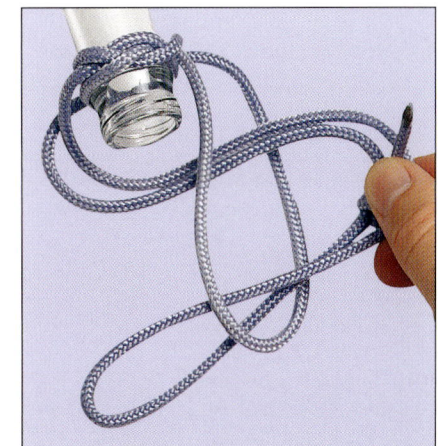

◀ **11.** Um den Ausgleicher zu machen, ordne die zwei Buchten so, dass die verknotete Part in der Mitte der etwas längeren Bucht liegt. Ziehe eine Bucht der verknoteten Part durch die kleinere Bucht.

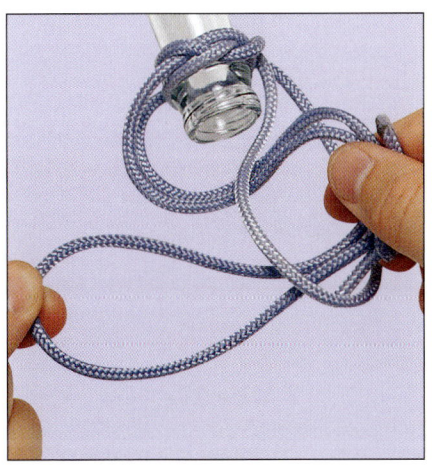

◀ **12.** Öffne die Bucht der verknoteten Part gegenüber vom Knoten …

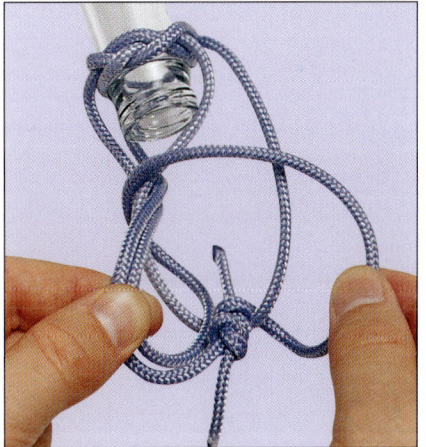

◀ **13.** … und stecke die verknotete Part durch diese Öffnung. Mache so einen Kreuzknoten. Ziehe an der neuen Bucht, um den Kreuzknoten festzuziehen.

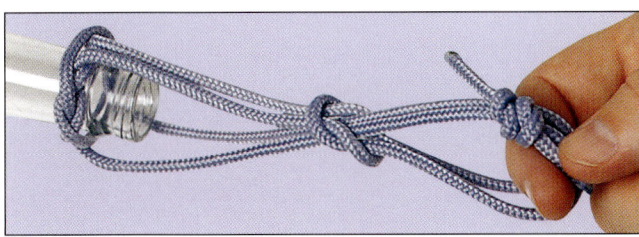

▲ **14.** Der fertige Flaschenknoten mit Ausgleicher.

Übliche Anwendungsgebiete
• Freiluftsport   • Allgemeiner Gebrauch

Stangenlasching

Hast du schon einmal ein Bündel von Stangen, Rohren oder Stöcken mitgenommen und dir gewünscht, du könntest sie sauber zusammenhalten? Dieser Knoten kann dir dabei helfen, ein Bündel Stangen oder Ähnliches zusammenzubinden oder Skistöcke am Dachgepäckträger zu befestigen. Die Stangenlasching ist möglicherweise einer der ältesten Knoten, die heute noch in Gebrauch sind. Sie eignet sich sowohl für Bohnenstangen für den Garten wie für Rohre bei der Badrenovierung.

◁ **1.** Lege die Leine aus und bilde zwei entgegengesetzte Buchten. Lege das Stangenbündel über die Buchten.

◁ **2.** Ziehe die losen Parten jeder Bucht wie hier gezeigt durch die gegenüberliegende Bucht.

◁ **3.** Ziehe das Bündel an beiden Enden zusammen.

◁ **4.** Sichere dann die Enden mit einem Kreuzknoten (S. 131).

Übliche Anwendungsgebiete

• Allgemeiner Gebrauch

Tipps

Bindest du mehr als sechs Stangen zusammen, ziehe eine Kappe über die Enden, um ein Herausrutschen der mittleren Stangen zu vermeiden.

Scherlasching

Wenn du nur zwei oder drei Spieren oder Leinen zusammenhalten willst, dafür aber dauerhafter, dann benutze die Scherlasching. Sie wird auch den Zurrings zugeordnet (Kap. 9), wenn sie um aneinander liegende Leinen gemacht wird. Eine Scherlasching wurde ursprünglich benutzt, um zwei Spieren für einen Jüttbaum zum Aufrichten des Mastes oder Pfähle für ein Dreibein zum Heben schwerer Lasten oben zusammenzubinden. Ich habe sie auch angewendet, um eine sehr starke pyramidenartige Konstruktion zu errichten, an der ich die schweren Fender für einen 103 Jahre alten hölzernen Schlepper hergestellt habe.

◄ **1.** Beginne mit einem Webeleinstek (S. 60) um beide Spieren. Führe die lose Part nach rechts, damit sie von den folgenden Törns abgedeckt wird.

◄ **2.** Bekneife die lose Part des Webeleinsteks mit dem ersten Rundtörns deiner Lasching. Achte darauf, dass sie nicht in die Fuge zwischen den Spieren gerät, sondern an einer Spiere fest anliegt.

◄ **3.** Schlage genügend viele Rundtörns, um auf eine Länge von 2 d einer Spiere zu kommen. Wenn du drei Spieren zusammenlaschen willst, mache die Törns mindestens 3 d lang. Ziehe die Leine nach dem letzten Rundtörn zwischen die Pfähle.

◄ **4.** Nimm die Leine im rechten Winkel zu den Rundtörns und mache mit der losen Part »Zurrtörns« zwischen den Pfählen.

◄ **5.** Mache zwei Zurrtörns, ziehe dabei die lose Part nach jedem Törn fest an.

◄ **6.** Beende die Lasching mit einem Halben Schlag um eine der Spieren ...

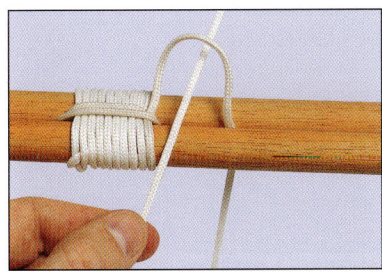

◄ **7.** ... und dann noch einen Halben Schlag, um zu einen Webeleinstek (S. 60) zu kommen.

◄ **8.** Mache in das heraushängende kurze Ende am besten einen Achtknoten (S. 25), damit sich der Webeleinstek nicht lösen kann.

Viereclasching

Diese Lasching kann überall dort angewendet werden, wo die Diagonal-Lasching (S. 129) zu unbeweglich ist. Es gibt bei ihr keine sich kreuzenden Törns, deshalb ist sie etwas loser, und zwar durch die Struktur des Knotens, nicht durch Lose in den Leinen. Sie sollte nicht an einem Drachenkreuz benutzt werden, weil sie das Rutschen der Leisten nicht verhindert, besonders nicht bei Plastikstäben. Viereclaschings werden auch heute noch benutzt, um einfache Baugerüste zusammenzuhalten.

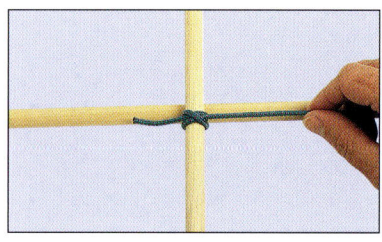

◀ **1.** Lege mit der losen Part einen Webeleinstek (S. 60) um die vertikale Stange.

◀ **2.** Führe die feste Part gegen den Uhrzeigersinn unter, über und unter die Stangen.

◀ **3.** Wenn du wieder am Anfang bist, lege die Leine außen um den Webeleinstek und fahre mit den Törns fort.

◀ **4.** Mache noch drei Törns und schiebe jeden gegen den vorherigen, damit die Lasching fest wird.

◀ **5.** Bringe die Leine unter die letzte Stange und mache Zurrtörns im Uhrzeigersinn um die senkrecht verlaufenden Parten zwischen den Stangen.

◀ **6.** Mache drei Zurrtörns, ziehe jeden dicht zwischen die Stangen an den vorhergehenden Törn.

◀ **7.** Nach den drei Zurrtörns mache dicht an der Lasching einen Halben Schlag um eine Stange.

◀ **8.** Mache dann noch einen zweiten Halben Schlag zu einem Webeleinstek, lass mindestens 12 d herauskommen.

◀ **9.** Wenn du ein Spalier baust, lass ein längeres Ende übrig, damit die Pflanzen einen Angriffspunkt zum Ranken haben.

Tipps

Wenn du feinere Schnüre benutzt, ziehe nicht zu stramm, sonst reißt das Ganze. Wenn du Polypropylen- oder Polyesterschnur verwendest, kannst du damit hohle Stangen zusammendrücken; sei also vorsichtig!

Anwendungen

• Freiluftsport
• Allgemeiner Gebrauch

Diagonal-Lasching

Diese Lasching eignet sich für das Zusammenbinden zweier Stangen in einem Winkel von weniger als 90 Grad zueinander. Sie lässt nicht viel Bewegung der Stangen zu.

Mit Jute, Sisal oder anderem preiswerten Fasermaterial ist diese Lasching im Garten, wo Gitterwerk zusätzlichen Halt braucht, gut zu verwenden. Sie ist auch für den Bau von Drachen eine der wenigen guten Verbindungen, die den Leisten sicheren Halt bieten.

◁ **1.** Beginne mit den gekreuzten Stangen. Mache einen Zimmermannsstek (S. 85) diagonal um beide Stangen, ziehe den Stek fest an, sodass die feste Part fest in dem Auge des Zimmermanssteks liegt.

◁ **2.** Mache drei Rundtörns diagonal um die Kreuzung der Stangen und decke damit den Zimmermannsstek ab.

◁ **3.** Nimm dann die lose Part unter der unteren Stange hindurch und beginne einen Rundtörn in entgegengesetzter Richtung zu den ersten drei Törns.

◁ **4.** Mache drei volle Rundtörns um das Stangenpaar entgegengesetzt zu den ersten drei Törns. Achte darauf, jeden Rundtörn gut festzuziehen.

◁ **5.** Damit die die Lasching gut hält, lege dann Törns zwischen die Stangen, auf dem Foto horizontal im Uhrzeigersinn. Jeder Törn muss fest angezogen werden.

◁ **6.** Mache je nach geforderter Festigkeit noch ein bis zwei Zurrtörns.

◁ **7.** Beende die Zurrtörns mit einem Halben Schlag um eine Stange ...

◁ **8.** ... und beende alles mit einem weiteren Halben Schlag – es entsteht ein Webeleinstek (S. 60). Ziehe den Webeleinstek fest.

◁ **9.** Zur Sicherheit mache noch einen Überhand- oder Achtknoten (S. 24, S. 25) in die lose Part hinter den Webeleinstek oder schneide die lose Part 2,5 cm hinter dem Webeleinstek ab.

Übliche Anwendungsgebiete

- Freiluftsport
- Allgemeiner Gebrauch

Tipps

Statt mit einem Webeleinstek kannst du die Lasching noch sicherer mit einem Würgestek (S. 120) abschließen.

Müllerknoten

Der Müllerknoten, auch Sackknoten genannt, wird, wie der Name sagt, zum Zubinden von Mehlsäcken benutzt. Für diesen Zweck ist er gut geeignet und kann schnell mit einer oder beiden Händen gebunden werden. Für einhändiges Binden lerne, beim letzten Durchstecken die Leine zu verdrehen oder zu rollen, während die lose Part unten durchgelegt wird. Damit wird der Sack dann zugezogen.

▲ **1.** Lege die Leine um den Hals des Sacks und überkreuze vorn die feste Part mit der losen Part.

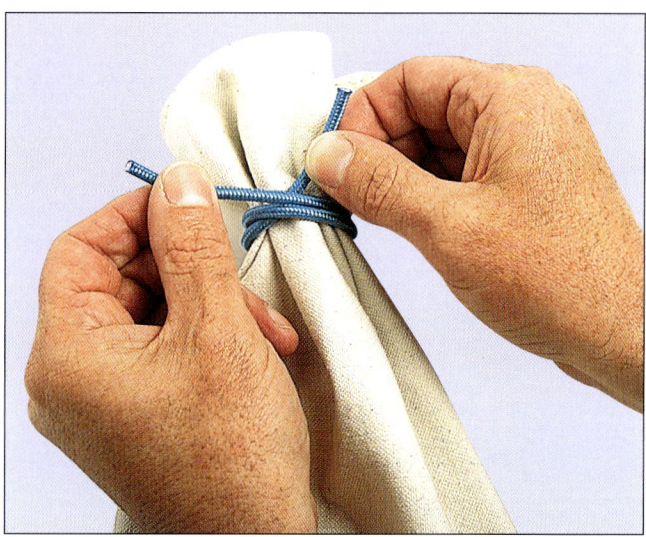

▲ **2.** Wickle die lose Part noch einmal um den Hals, lasse dieses Mal den Törn etwas lose, damit die lose Part über diesen Törn und unter dem ersten durchgesteckt werden kann.

▲ **3.** Stecke die lose Part unter dem ersten Törn durch, sodass sich ein Überhandknoten (S. 24) bildet, der den Törn aus Schritt 2 bekneift.

▲ **4.** Ziehe den Knoten zu.

Anwendungen
• Allgemeiner Gebrauch

Tipps
Wenn du ihn mit einer Hand bindest, lass einen Finger unter dem Törn, durch den die lose Part zuletzt gesteckt wird, und ziehe ihn erst im letzten Moment heraus. Wenn du beim letzten Durchstecken eine Bucht in die lose Part legst, kann der Knoten leichter geöffnet werden.

Kreuzknoten

»Rechts über links, links über rechts« ist die Eselsbrücke, an die sich mancher erinnern wird. Der Knoten, der so entsteht, ist vermutlich der am weitesten verbreitete. Im Englischen heißt er »Reef Knot« (Reffknoten) oder »Square Knot« (Viereckknoten), er ist aber eigentlich ein Verbindungsknoten, denn er verbindet zwei Leinen. Er sollte aber dazu nicht verwendet werden, weil er u. U. vollstän-

dig auseinanderfallen kann. Warum gehört er dann zu den Bindeknoten? Weil er benutzt wird, um Wundverbände zusammenzuhalten oder Zurrings zu sichern. Eine weitere Anwendung für diesen allgegenwärtigen Knoten ist das Festbinden von aufgetuchten Segeln auf dem Baum oder unter der Rah eines Rahseglers.

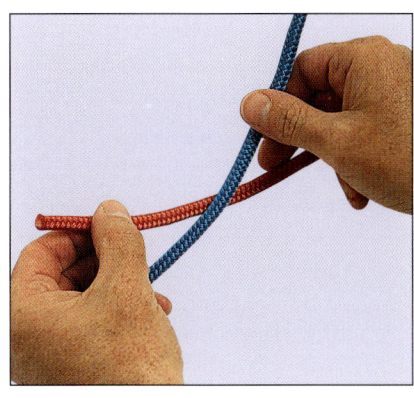

◁ **1.** Beginne damit, die linke lose Part über die rechte zu legen. Es geht auch umgekehrt – das Ergebnis ist das gleiche.

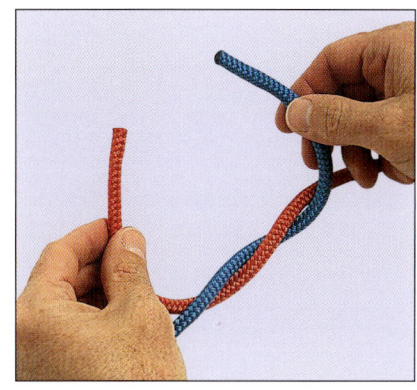

◁ **2.** Drehe die obere lose Part (die linke) unter der unteren herum und bringe sie wieder vor den Knoten, um einen Ellbogen zu bilden.

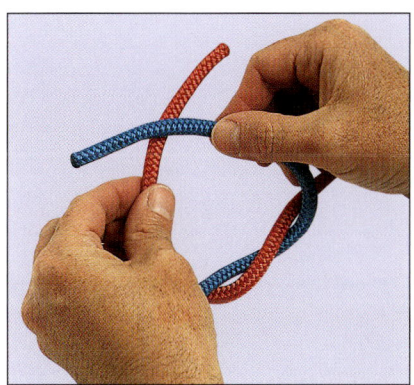

◁ **3.** Biege die losen Parten übereinander. Wenn du mit der linken losen Part begonnen hast, lege die rechte über die neue linke Part. Im anderen Fall geht es anders herum.

◁ **4.** Wickle die obere (rechte) lose Part um die untere und bringe sie wieder nach vorn. Es sollten nun zwei sich gegenseitig haltende Buchten entstanden sein, eine in der linken, die andere in der rechten Leine.

◁ **5.** Ziehe den Knoten an beiden losen Parten und den dazu gehörenden festen Parten zu.

Übliche Anwendungsgebiete

- Segeln
- Freiluftsport
- Allgemeiner Gebrauch

Tipps

Für zusätzliche Sicherheit füge noch einen Überhandknoten (S. 24) an jeder losen Part hinzu. Verlasse dich **niemals** auf diesen Knoten, um zwei Leinen aneinander zu stecken!

Diebesknoten

Der Diebes- und der Kreuzknoten (S. 131) sehen fast gleich aus, besonders, wenn die Enden unter der Leine oder in einer Falte liegen.

Ein Diebesknoten kann gelöst und ganz ungewollt als Kreuzknoten neu gebunden werden. Im Seemannsgarn wird erzählt, dass die alten Matrosen merkten, ob jemand an ihrem Seesack war, weil der unbedarfte Dieb einen Kreuzknoten statt des Diebesknotens hinterließ. Ich habe aber meine Vorbehalte gegenüber dem Seemannsgarn! Dieses ist ein lustiger Bindeknoten, und deshalb habe ich ihn hier mit aufgeführt.

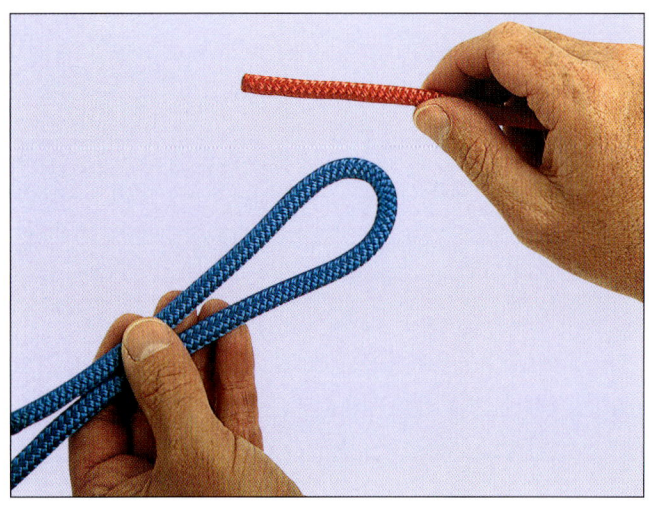

▲ **1.** Bilde in der linken Leine eine Bucht und lege die lose Part oben auf die feste Part.

▲ **2.** Stecke die rechte Leine von unten durch die Bucht und führe sie nach oben. Führe die lose Part der rechten Leine hinter der Bucht herum.

▲ **3.** Stecke die lose Part der rechten Leine zurück durch die Bucht. Sie liegt dann auf der entgegengesetzten Seite der losen Part der linken Leine.

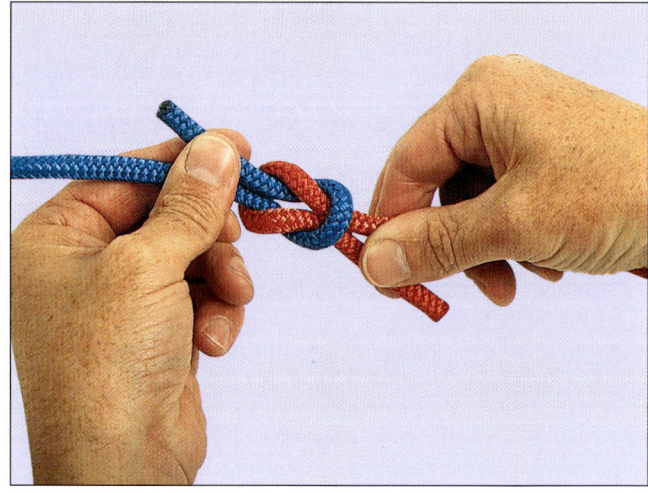

▲ **4.** Ziehe an den losen und den dazugehörenden festen Parten die Buchten ineinander. Der Knoten unterscheidet sich nun kaum vom Kreuzknoten.

Tipps

Halte die Enden bedeckt und zeige die Buchten, dann kannst du deine etwas unerfahrenen Freunde foppen. Was immer du sonst mit dem Knoten machst, binde ihn nie um einen Beutesack, sonst wirst du erwischt!

Übliche Anwendungsgebiete

• Allgemeiner Gebrauch

Querholzknoten

Clifford Ashley sagt, dass er diesen Knoten benutzt habe, um die Leisten des Drachens seiner Tochter zusammenzubinden. Ganz gleich, ob er ihn erfunden hat oder nicht, es ist ein hübscher Knoten, der für solche Zwecke gut hält. Er ist dem Würgestek (S. 120) verwandt, wird aber benutzt, um zwei Spieren oder Stangen zusammenzuhalten und nicht, um eine Leine an einer Spiere oder Stange zu befestigen.

◀ **1.** Lege die Spieren rechtwinklig übereinander.

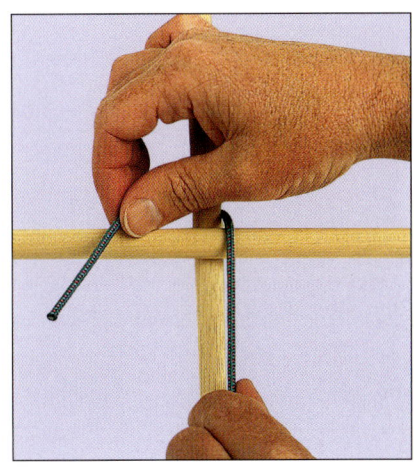

◀ **2.** Beginne damit, die lose Part über die rechte waagerechte Spiere, hinter der senkrechten Spiere herum und dann über die Kreuzung der Spieren zu führen.

◀ **3.** Führe die lose Part über die feste Part, um diese gegen die Spiere zu bekneifen.

◀ **4.** Bringe die lose Part unter der senkrechten Spiere herum nach links.

◀ **5.** Führe die lose Part nach rechts über und dann gleich nach links heraus unter die feste Part. So entsteht ein Überhandknoten (S. 60), der diagonal überkreuzt wird.

Übliche Anwendungsgebiete

- Allgemeiner Gebrauch
- Freiluftsport

Tipps

Die Ähnlichkeit mit dem Würgeknoten (S. 121) und dem Würgestek (S. 120) wird deutlich an dem Bekneifen eines Überhandknotens. Beim Würgestek verläuft die diagonale Part nach rechts über den Knoten, beim Würgeknoten nach links.

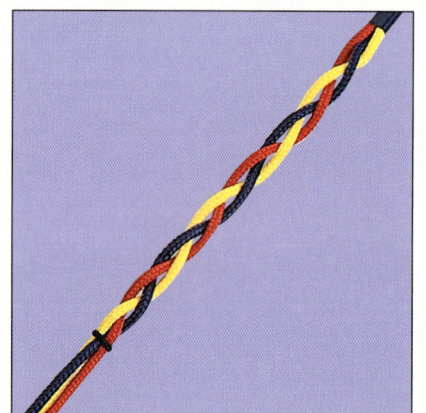

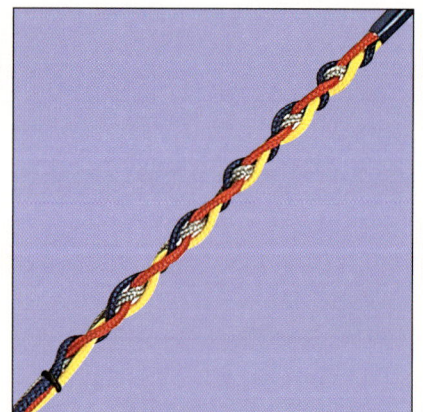

Geflechte

Matten und Plattings

Geflechte, Matten und Plattings sind der Anfang dreidimensionaler Knotenkunst. Sie werden aus einem oder mehreren Leinenstücken gemacht und dienen mit gemusterten Strukturen zu schmückenden und sogar praktischen Zwecken.

Seit den Bräuchen und der Technik des Homo habilis bis zum Neanderthaler, von den peruanischen Quipus und alten ägyptischen Tauen bis zu heraldischen Zeichen und den Knoten der Inuit, von der traditionellen chinesischen Knotenkunst bis zu der Vielfalt bei den Rahseglern und modernem Tauwerk ist das Knoten eine besondere Kunstform, ein Handwerk und eine Wissenschaft mit einer langen Geschichte.

J. Turner und P. Van de Griend, 1996

Geflechte sind sowohl dekorative wie auch funktionelle Knotenarbeiten. Hier werden nur vier Beispiele gebracht, weil dieses Buch sich an Freiluft-Enthusiasten wendet, die vor allem nach dem Zweck suchen. Matten und Plattings können durchaus nützlich sein, z. B. an Griffen von Reißverschlüssen, damit man sie schneller greifen und gebrauchen kann, wenn die Hände nass und kalt sind. Als Matten verhindern sie ein Durchscheuern. Dekoratives Arbeiten mit Knoten hat eine doppelte Rolle: Kunst um der Kunst willen und Dekoratives mit zufriedenstellender Funktion.

Ketten-Platting

Wenn ein Elektriker an einem Schalter eine Zugschnur anbringt, wenn ein Seemann vorübergehend eine Leine verkürzen will oder wenn ein Kind sich ein Halsband aus Schnur machen möchte, hilft die Kettenplatting schnell weiter. Sie hat den gewissen Zauber, sich sehr schnell wieder aufzulösen, wenn man an einem Ende zieht, bleibt aber fest, wenn das Ende durchgesteckt ist. Dies ist ihr wirklicher Wert – ungebändigte Leinen auf schöne Art in Ordnung zu halten.

◁ **1.** Bilde am Ende einer Leine ein Überhandauge im Uhrzeigersinn, die feste Part zeigt dabei nach links.

◁ **2.** Stecke eine Bucht der losen Part von links nach rechts durch das Auge. Ziehe das Auge um die Bucht zu und bilde so einen Überhandknoten mit laufender Bucht (S. 24).

◁ **3.** Stecke eine weitere Bucht durch die erste und ziehe die erste Bucht fest um die nächste.

◁ **4.** Fahre fort, Buchten durchzustecken und festzuziehen, bis die Leine aufgebraucht ist, und ziehe jede vorherige Bucht fest um die neue.

▲ **5.** Wenn die Leine aufgebraucht ist, stecke die lose Part durch die letzte Bucht und bilde so einen Halben Schlag.

▲ **6.** Um die Platting aufzulösen, öffne den letzten Halben Schlag und ziehe an der losen Part, dann löst sie sich Bucht um Bucht.

Tipps

Um mehr Leine schneller zu verbrauchen, verdopple die gesamte Leine und mache daraus die Buchten. Du kannst mit ihr auch einen schönen Reißverschlussgriff machen, wenn der letzte Halbe Schlag am Reißverschluss befestigt wird.

Übliche Anwendungsgebiete

- Segeln
- Freiluftsport
- Allgemeiner Gebrauch

Vier- oder Acht-Strang-Platting

Manchmal wird eine Platting ein Geflecht und manchmal ein Geflecht eine Platting, das hängt vom Betrachter und vom Blickwinkel ab. Ganz gleich, diese Art, mit einer geraden Zahl von Strängen eine geflochtene Leine zu machen, führt zu einem schönen Ergebnis, das außerdem noch »handig« ist, und wenn man sie mit verschiedenen Farben macht, wird sie zum Blickfang. Ein Vielfaches von vier Strängen führt zu einer runden oder Vierkantform. Hier wird die runde Form gezeigt.

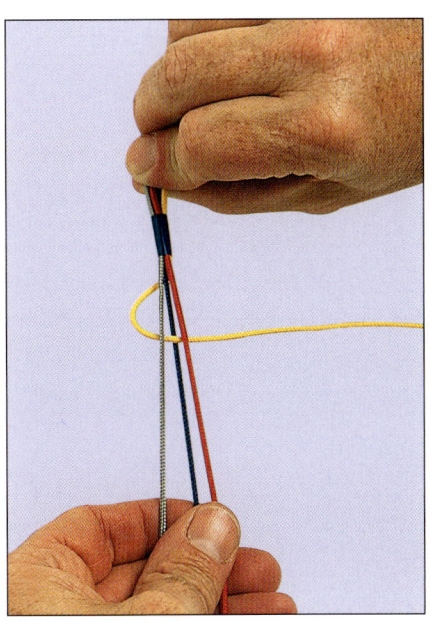

◁ **1.** Binde vier oder acht Stränge zusammen. Mache einen Würgestek (S. 120) und teile die Stränge in zwei Gruppen. Nimm den äußeren Strang der ersten Gruppe und lege ihn hinter die zweite Gruppe. Führe diesen Strang über und hinunter durch die Mitte der zweiten Gruppe, dann wieder ins Innere der ersten Gruppe.

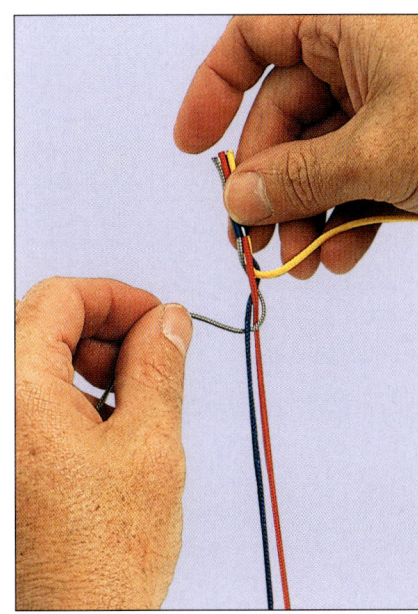

◁ **2.** Wechsle zur zweiten Gruppe, nimm den äußeren Strang und lege ihn hinter die erste Gruppe. Führe diesen äußeren Strang über und hinunter in die zweite Gruppe. Trenne beide Gruppen und ziehe sie fest, behalte die Spannung, indem du den Würgestek an einem Haken oder Schraubstock befestigst.

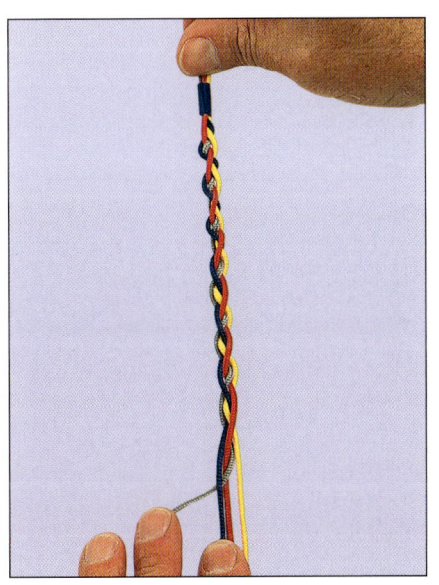

◁ **3.** Fahre fort, von einer Gruppe zur anderen zu gehen, und lege jedes Mal den äußeren Strang hinter und unter die anderen Stränge, kehre mit dem Strang immer zur eigenen Seite zurück.

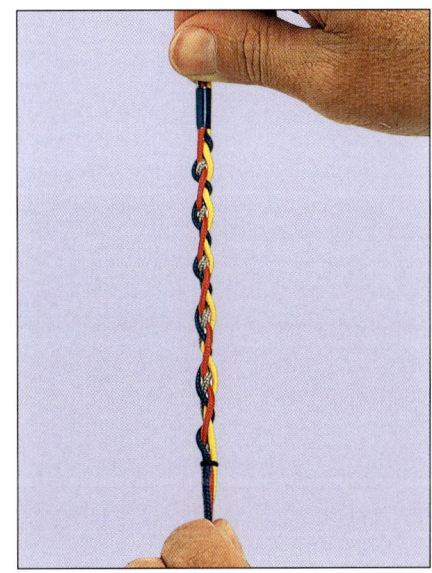

◁ **4.** Beende die Platting mit einem weiteren Würgestek oder einem Stück Tape, um die Stränge zusammenzuhalten.

Tipps

Behalte eine gleichmäßige Spannung bei, indem du nach jedem Durchgang den Strang gleichmäßig festziehst.

Übliche Anwendungsgebiete

• Freiluftsport   • Allgemeiner Gebrauch
• Schmuck

Drei- oder Sechs-Strang-Platting

Die Drei-Strang-Platting wird überall benutzt, um Haar in Form zu bringen, sie heißt dann Zopf. Das Verfahren, eine ungerade Zahl oder ein Vielfaches einer ungeraden Zahl von Strängen zu verwenden, entspricht dem der Plattings mit geraden Zahlen. Die endgültige Form ist flach mit einem Rand, der sich gut anfühlt und hübsch aus-

sieht, und einem Kern, der sich durch die Mitte des Zopfes zieht und dem Ganzen einen Schein von Gewebe gibt.

Wie bei jeder Platting ist es wichtig, eine gleichmäßige Spannung beizubehalten, um gleichmäßige Dicke zu erzielen, die bei Haar am Ende abnimmt.

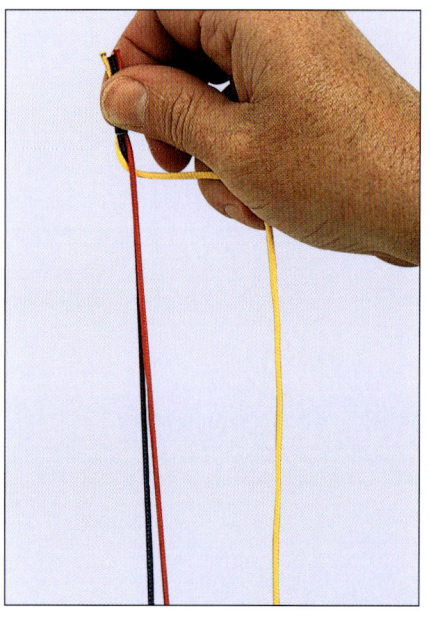

◁ **1.** Knote oder binde drei oder sechs Stränge zusammen. Bei sechs Strängen teile sie in drei Bündel zu je zwei Strängen auf.

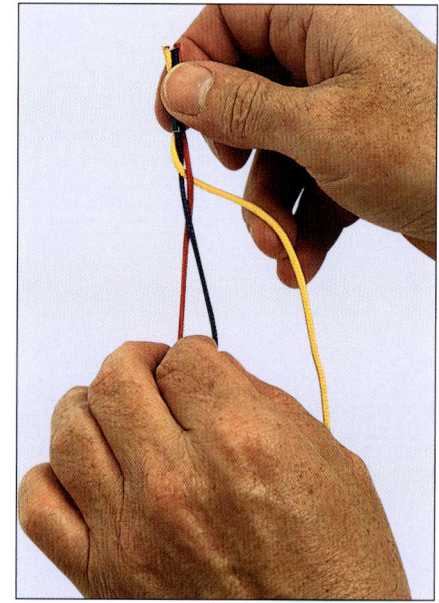

◁ **2.** Lege einen der äußeren Stränge über seinen Nachbarn, sodass er zwischen den beiden anderen Strängen liegt. Lege dann den äußeren Strang an der anderen Seite über seinen Nachbarn, sodass er wiederum zwischen den beiden anderen liegt.

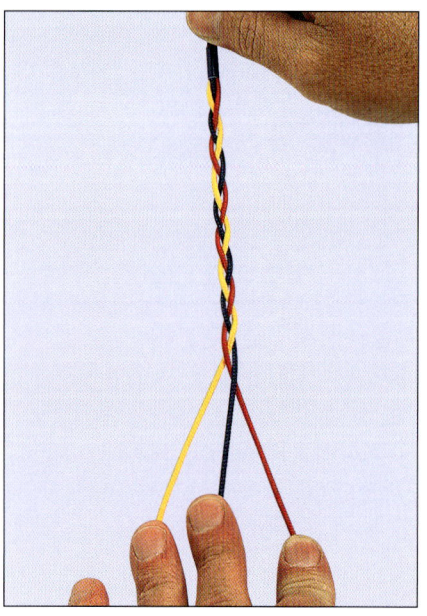

◁ **3.** Wiederhole Schritt 2 abwechselnd mit den äußeren Strängen, erst links, dann rechts, bis die Stränge aufgebraucht sind.

◁ **4.** Knote die drei Stränge mit einer Hahnepot (S. 28) zusammen, und die Platting ist fertig.

Tipps

Um die Spannung zu halten und die drei Stränge gleichmäßig festzuziehen, wechsle von einer Seite zur anderen und ziehe die Platting zunächst an den äußeren Strängen, dann am mittleren Strang fest.

Übliche Anwendungsgebiete

- Freiluftsport
- Allgemeiner Gebrauch
- Schmuck

Runde Matte

Die Runde Matte basiert auf dem Türkenbund, einem zylindrischen Knoten, der durch die Zahl seiner Buchten definiert ist. Wir zählen jede Bucht außen und jede Richtungsänderung im Knoten, außerdem beschreiben wir, wie oft die Leine parallel durchgesteckt wird. Das kennzeichnende Merkmal ist, dass die Zahl der Buchten und die der Richtungsänderungen keinen gemeinsamen Divisor haben. Deshalb ist eine Runde Matte mit vier Buchten und zwei Richtungsänderungen aus einer Leine nicht möglich, mit fünf Buchten und zwei Richtungsänderungen ist sie jedoch machbar. Die Matte, die hier beschrieben wird, hat fünf Buchten, drei Richtungsänderungen und ist zweimal parallel durchgesteckt. Dieser flache Knoten ist gut als Untersetzer, Deckchen oder Fußabtreter und kann aus Naturfasern oder Kunststoff gemacht werden. Als Türkenbund wird er benutzt, um ein Halstuch oder andere Enden zusammenzuhalten, einen Pinnenknauf zu bilden oder die Mittelstellung am Steuerrad zu markieren.

1. Für eine Matte wird zunächst der äußere Umfang festgelegt. Für ein einmaliges Durchstecken multipliziere den Umfang mit drei, um die benötigte Länge der Leine zu erhalten. Lege ein Überhandauge im Uhrzeigersinn.

2. Lege die feste Part hinter das erste Auge und bilde so eine herzartige Form mit dem zweiten Auge.

3. Lege die lose Part über den unteren Teil des ersten Auges, dann unter seinen oberen Teil und führe sie über den oberen Teil des zweiten Auges.

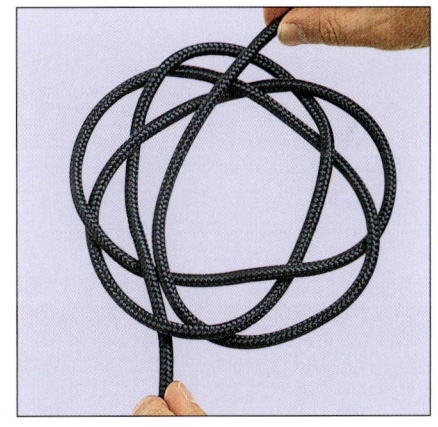

4. Stecke das erste Auge hinter das zweite und webe dann die lose Part unter das erste Auge, über das zweite Auge, wieder unter das erste und über das zweite. Die äußeren fünf Buchten sollten nun erkennbar sein.

5. Nimm die lose Part und führe sie parallel zum ersten Durchgang und genauso unter und über die Teile der Augen; bleibe dabei immer auf der gleichen Seite des ersten Durchgangs, achte darauf, dass hier nicht gekreuzt wird.

Tipps

Willst du den zylindrischen Türkenbund machen, lege den Knoten um einen Finger oder einen zylindrischen Gegenstand, von dem du ihn leicht abziehen kannst. Vernähe die Enden der Leine unter der Matte oder im Knoten.

Übliche Anwendungsgebiete

- Segeln
- Freiluftsport
- Schmuck
- Allgemeiner Gebrauch

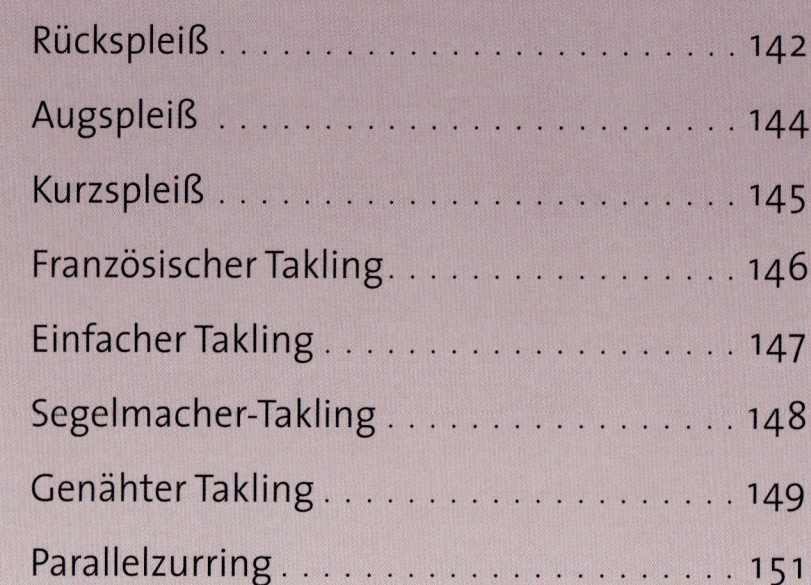

Spleiße

Taklings und Zurrings

Spleiße, Taklings und Zurrings sind selbst keine Knoten, doch sie sind nötig, um Arbeiten am Tauwerk sauber und ordentlich abzuschließen. Diese Strukturen haben auch nur geringe Auswirkung auf die Haltekraft einer Leine.

Es ist manchmal nötig, Trossen, Taue und Stricke so miteinander zu verbinden, dass dabei kein wesentlicher Unterschied in der Dicke und keine bedeutsame Schwächung der Haltekraft auftritt. Das kann nur durch Spleißen erreicht werden, das heißt, die Enden miteinander zu verbinden, indem die Kardeele aufgedreht und miteinander verflochten werden, oder, wenn die Dicke nicht bedeutsam ist, dass man Kardeele am Ende einer Leine mit denen in einer Bucht verflicht.

A. Aldridge, 1918

Spleiße, Taklings und Zurrings sind effiziente Möglichkeiten eine Leine zu sichern, zu verlängern, zur Schlinge zu machen oder ein festes Auge zu fertigen anstatt sie zu verknoten oder eine Schlinge zu knüpfen. Der sanfte Übergang einer gespleißten Leine hin zu sich selbst ist ästhetisch und haltbar. Taklings können an jeder Art Leine angebracht werden, ob geschlagen oder geflochten, sie sind deshalb für viele Bereiche von Nutzen. Zurrings dienen dazu, eine Leine an eine Spiere, einen Pfahl oder an sich selbst, um eine Schlinge zu bilden, zu befestigen, wenn ein Knoten nicht angebracht erscheint. Das Spleißen, das hier beschrieben wird, ist die Art, die für geschlagenes Tauwerk angewendet wird. Das Spleißen von geflochtenem Tauwerks hängt sehr von der Flechtart einer Leine ab und geht über die Ziele dieses Buches hinaus. Spleißen ist das dauerhafte Verweben der Kardeele einer Leine und erhält, wenn es richtig gemacht wird, 97 % der Haltekraft der ursprünglichen Leine.

Rückspleiß

Ein Rückspleiß verhindert das Auftreten eines »aufgedröselten Endes« an einer nicht betakelten Leine. Wird er als verjüngter Spleiß gemacht, sieht er gut aus, eignet sich aber nicht für Leinen, die durch Blöcke laufen sollen, weil er an der Stelle die Leine dicker macht. Das Positive dieser Verdickung ist, dass er einen Stopperknoten am Ende der Leine ersetzen kann, wenn das Auge, durch das die Leine läuft, eng genug ist. Achte darauf, dass der Spleiß nach dem Durchstecken gemacht wird, sonst passt er nicht mehr hindurch!

▲ **1.** Drehe die Kardeele auseinander (hier benutzen wir eine Manila-Leine, von der wir vier Windungen aufgedreht haben) und stecke einen Kronenknoten (S. 29). Ziehe jedes Kardeel fest. Stecke Kardeel Nr. 1 von links nach rechts gegen die Schlagrichtung unter dem benachbarten Kardeel der festen Part hindurch.

▲ **2.** Lege Kardeel Nr. 3 über das benachbarte Kardeel Nr. 1 und stecke es unter dem nächsten hindurch.

▲ **3.** Wiederhole das Ganze mit Kardeel Nr. 2. Achte darauf, dass du es nicht unter den vorher benutzten Kardeelen der losen Part durchsteckst. Ziehe die Kardeele fest.

▲ **4.** Beginne wieder mit Nr. 1, stecke es wie vorher durch, nach dem Durchziehen drehe das Kardeel dieses Mal aber auf, damit es gut und flach an der festen Part anliegt.

▲ **5.** Wiederhole Schritt 4 mit Kardeel Nr. 3 ...

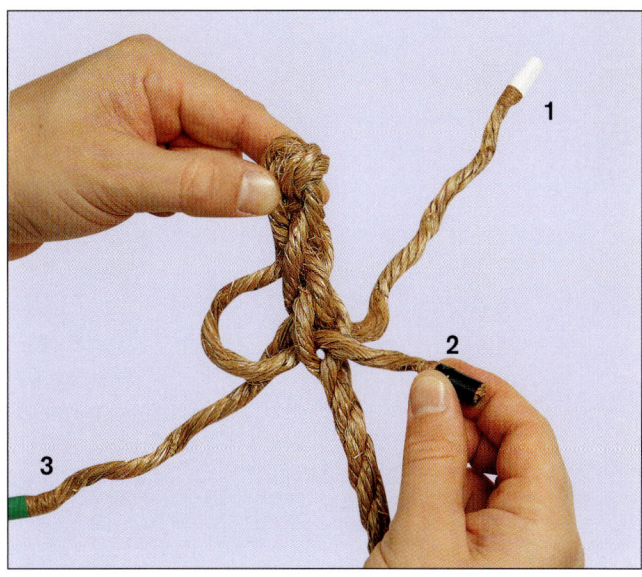

▲ **6.** ... und dann mit Nr. 2. Achte darauf, jedes Kardeel nach dem Durchziehen aufzudrehen.

▲ **7.** Wiederhole die Schritte 4 und 5, bei der Manila-Leine noch ein Mal (bei anderen Materialen mehrmals). Bist du damit fertig, rolle den Spleiß zwischen den Händen oder bei dickeren Leinen unter den Füßen.

▲ **8.** Schneide die Kardeele dicht an der Stelle ab, wo sie aus dem Spleiß kommen. Fertig!

Übliche Anwendungsgebiete

• Freiluftsport   • Segeln

Tipps

Mit einem hohlen oder Schwedischen Marlspieker ist es einfacher, die Kardeele einer steifen Leine anzuheben und die Kardeele der losen Part unter die der festen Part zu stecken. Schiebe den Marlspieker hinein, stecke das Kardeel in den hohlen Teil und ziehe es dann durch. Bei Manila, Hanf oder Sisal stecke dreimal durch und verjünge dann, falls gewünscht. Bei Polyester wie Dacron oder Terylene und bei Kokos oder Baumwolle stecke viermal durch, bei Nylon fünfmal und bei Polypropylen siebenmal, bevor du verjüngst. Diese Empfehlungen gelten nur, wenn die Leine keine Schockbelastungen oder großen Abrieb aushalten muss, sonst muss länger gespleißt werden und es wird ein vollständiges Betakeln nötig. Das gilt ganz besonders für den Augspleiß (S. 144) und den Kurzspleiß (S. 145).

Augspleiß

Diese dauerhafte Schlinge am Ende oder im Verlauf einer Leine kann genutzt werden, um sie über eine Klampe, eine Spiere oder über einen Ast zu legen. Man kann auch eine andere Leine hindurch-führen. Ein gut gemachter Augspleiß vermindert die Haltbarkeit der Leine nur um etwa 5 % und wird gern dort angewendet, wo hohe Belastbarkeit wichtig ist.

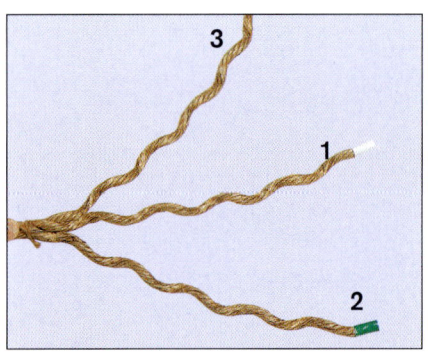

◄ **1.** Drehe die Leine wie beim Rückspleiß (S. 142) auf der not-wendigen Länge plus ein Mal auf. Zum vier-maligen Durchstecken drehe also fünf Win-dungen auf.

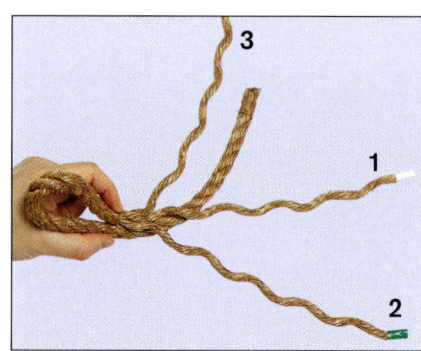

◄ **2.** Lege die lose Part auf die feste zurück und forme so ein Auge in der gewünschten Größe. Da, wo Kardeel Nr. 2 auf der festen Part liegt, stecke es entgegen der Schlagrichtung unter dem Kardeel der festen Part durch.

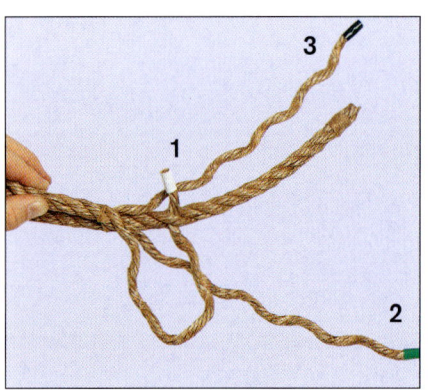

◄ **3.** Stecke Kardeel Nr. 1 unter Nr. 3 der festen Part durch und fahre in dieser Art fort, immer gegen die Schlagrichtung. Hier wird Nr. 1 durchge-steckt.

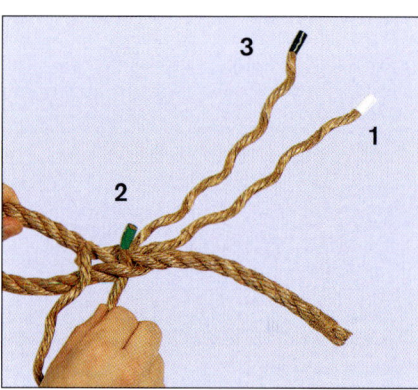

◄ **4.** Stecke Nr. 2 der losen Part unter Nr. 2 der festen Part durch. Dieses Kardeel liegt in der Mitte des Spleißes.

◄ **5.** Drehe den bisher gemachten Spleiß herum und suche das Kardeel in der festen Part, das zwischen den beiden vorher durch gesteckten Kardeelen liegt. Stecke dort das letzte Kardeel der losen Part durch.

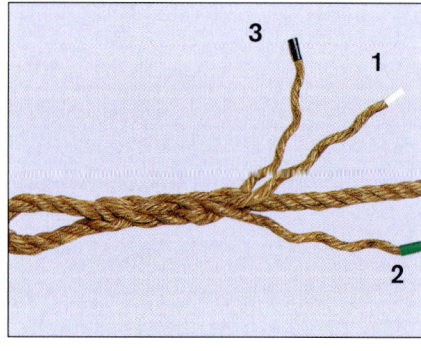

◄ **6.** Folge den Schrit-ten 3 - 5 und gehe im Uhrzeigersinn über das benachbarte Kardeel und unter dem folgen-den Kardeel der festen Part hindurch. Drehe jedes Kardeel von nun an auf, damit es gut anliegt.

◄ **7.** Verjünge die Kar-deele, indem du die Hälfte der Garne jedes Kardeels dicht am Aus-tritt abschneidest, be-vor du es durchsteckst. Auch die halbierten Kardeele kannst du vor dem letzten Durch-stecken noch einmal halbieren.

Übliche Anwendungsgebiete

• Segeln   • Allgemeiner Gebrauch
• Freiluftsport

Tipps

Rolle den Spleiß zwischen den Händen oder unterm Fuß, um ein gleichmäßiges Äußeres zu erzielen. Auch hier hilft ein hohler Schwedischer Marlspieker beim Durchstecken, besonders bei schwerem und hartem Tauwerk.

Kurzspleiß

Der Kurzspleiß wird benutzt, um beschädigte Leinen zu reparieren oder um zwei gleiche Leinen miteinander zu verbinden. Soll die Leine jedoch durch einen Block laufen, wird ein Langspleiß gemacht, weil der Kurzspleiß die Leine um das 1 ½-fache verdickt. Man kann auch zwei Leinen gleichen Durchmessers, aber aus unterschiedlichem Material (z. B. Polyamid und Polyester) verspleißen, muss dabei aber darauf achten, dass genügend oft durchgesteckt wird, je nach der glatteren der beiden Leinen.

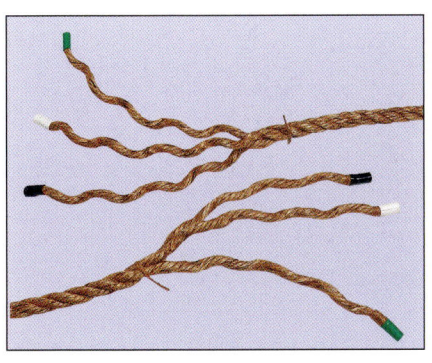

◂ **1.** Drehe die Kardeele auf einer Länge, die von der Zahl der geplanten Durchsteckungen abhängt, auseinander (siehe Tipps auf S. 143). Wickle Tape um die Enden der Kardeele, damit sie besser durchgesteckt werden können.

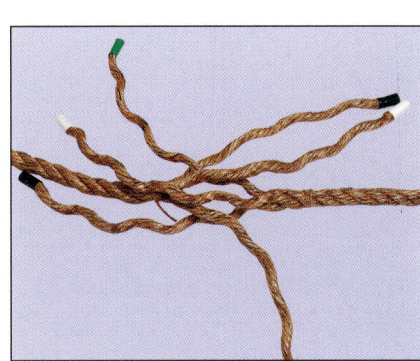

◂ **2.** Stecke die beiden Enden so ineinander, dass jedes Kardeel zwischen zwei Kardeelen der anderen Leine liegt.

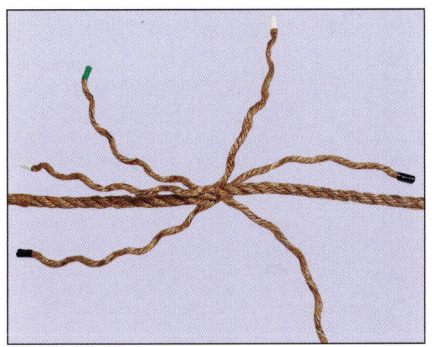

◂ **3.** Mache mit einem Bändsel einen Würgestek (S. 120) um die Mitte, damit die Leinen beim Spleißen nicht verrutschen.

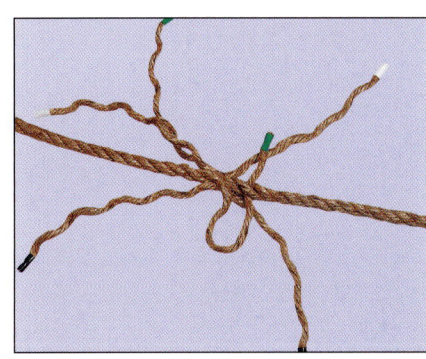

◂ **4.** Wähle ein Kardeel, lege es über das nächste Kardeel der anderen Leine – bei rechts geschlagenem Tauwerk von rechts nach links – und stecke es unter dem folgenden Kardeel durch. Mache jedes durchgesteckte Kardeel flach, indem du es etwas aufdrehst.

◂ **5.** Wiederhole Schritt 4 mit dem nächsten Kardeel der gleichen Leine und dann mit dem letzten Kardeel. Damit sind alle Kardeele einer Leine ein Mal durchgesteckt.

◂ **6.** Wiederhole nun Schritte 4 und 5 für jedes folgende Durchstecken. Drehe dann das Ganze um 180 Grad und wiederhole die Schritte 4 und 5 mit der anderen Leine. Der Spleiß sollte dann wie auf dem Foto aussehen.

◂ **7.** Wenn alle Kardeele beider Leinen durchgesteckt und festgezogen sind, schneide die Kardeele ab oder verjünge sie wie beim Augspleiß.

Übliche Anwendungsgebiete

- Segeln
- Freiluftsport
- Allgemeiner Gebrauch

Tipps

Wenn der Spleiß fertig ist, entferne den Würgestek und ebne den Spleiß, indem du ihn zwischen deinen Händen rollst.

Französischer Takling

Dieser einfache Takling wird häufig gebraucht, um am Handlauf eines Schiffs einen festen Griff zu ermöglichen. Seine hübsche, erhöhte, spiralförmige Oberfläche macht ihn auch für das Betakeln von Enden sehr nützlich, weil die Grundform eine Reihe Halber Schläge ist. Der Französische Takling wird üblicherweise länger gemacht als der Einfache Takling, weil er an seinem Ende relativ unsicher ist. Leinen aus Kunstfaser sollten vor dem Betakeln am Ende verschmolzen werden.

Für diesen und die beiden folgenden Taklings sollte man Takelgarn benutzen, das etwa so dick ist wie ein einzelnes Garn der Leine. Ein Meter davon sollte meistens lang genug sein, für dickere Leinen etwas mehr.

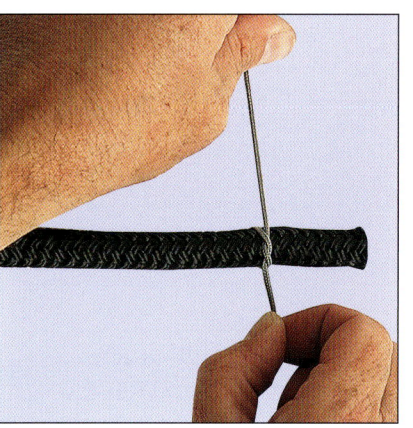

◀ **1.** Beginne den Takling mit einem Überhandknoten (S. 24) um die Leine, dort wo der Takling anfangen soll, mindestens 3 d vom Ende der Leine. Lass eine lose Part des Takelgarns stehen, die lang genug ist, um von den nächsten 5 Wicklungen abgedeckt zu werden.

◀ **2.** Mit dem Takelgarn machst du ein Unterhandauge im Uhrzeigersinn als Halben Schlag (S. 84) um die Leine. Ziehe ihn sauber neben dem Überhandknoten fest und bekneife mit ihm die lose Part des Takelgarns aus Schritt 1. Fortlaufende Augen gegen den Uhrzeigersinn würden eine Spirale in entgegengesetzter Richtung bilden.

◀ **3.** Mache einen zweiten und weitere Halbe Schläge im Uhrzeigersinn, bis 2 d der Leine abgedeckt sind. Ziehe jeden Halben Schlag dicht und fest neben den vorhergehenden, sodass wie auf dem Foto eine hervorstehende Spirale entsteht.

◀ **4.** Ziehe die lose Part des Takelgarns unter die letzten Halben Schläge, bevor du sie festziehst.

◀ **5.** Ziehe das Takelgarn fest und mache, wenn nötig, noch einen Stopperknoten.

Übliche Anwendungsgebiete

- Segeln
- Freiluftsport
- Allgemeiner Gebrauch

Tipps

Jeder Halbe Schlag sollte so fest wie möglich gemacht werden. Drehe die Leine beim Betakeln, damit du siehst, ob alle Schläge gleichmäßig dicht aneinander liegen.

Einfacher Takling

Der Einfache Takling ist besonders leicht zu machen. Er ist haltbar, auch wenn er sich bei zu häufigem Schleppen der Leine auflösen kann, was dann zum Aufdröseln der Leine führt.

Der Einfache Takling kann um geschlagenes oder geflochtenes Tauwerk gemacht werden, er muss jedoch fest gewickelt werden, damit er hält.

1. Lege eine lange Bucht in die lose Part des Takelgarns. Halte die Bucht gegen die Leine, wobei sie zum Ende der Leine zeigen soll.

2. Bekneife die Bucht mit dem ersten Rundtörn, er sollte 2 d vom Ende der Leine entfernt sein. Die Bucht und ihre feste Part sollten so weit herausschauen, dass sie nach den Rundtörns noch gegriffen werden können. Die Rundtörns werden in der Richtung des Schlages der Leine gemacht.

3. Mache weitere Rundtörns zum Ende hin, bis etwa 1 ½ d der Leine bedeckt sind; die erste Bucht soll noch immer herausschauen. Jeder Rundtörn muss so stramm wie möglich festgezogen werden.

4. Nun stecke das Ende des Takelgarns durch die Bucht.

5. Ziehe die Bucht zusammen mit dem Ende des Takelgarns an der festen Part unter die Rundtörns, sodass die Bucht und das Ende in der Mitte unter dem Takling bekniffen werden.

6. Schneide das Takelgarn an beiden Enden ab und der Takling ist fertig.

Übliche Anwendungsgebiete

- Segeln
- Angeln
- Freiluftsport
- Allgemeiner Gebrauch

Tipps

Bei geschlagenem Tauwerk lege die Törns des Taklings in der Schlagrichtung und nicht gegenan; so schmiegen sie sich enger an die Leine und pressen diese zusammen.

Segelmacher-Takling

Dieser Takling taucht als »British Admiralty Whipping« bei Ashley *(ABDK)* und in diversen Veröffentlichungen der Britischen Marine auf. Er wird angewendet, um eine Leine einfach, schnell und sicher zu betakeln. Er verdient es, besser bekannt zu sein, denn er bescheinigt eine gute Seemannschaft und einen sorgfältigen Umgang mit Tauwerk.

▲ **1.** Drehe die Kardeele einer geschlagenen Leine auf einer Länge von 1 ½ d Schlägen auf. Bilde im Takelgarn eine Bucht und lege sie um ein Kardeel. Die beiden Parten der Bucht sollten zwischen zwei Kardeelen liegen, wobei sie ein Kardeel später bekneift. Lass die Bucht zunächst 2 d lose über das Kardeel hinausragen.

▲ **2.** Mache in eine Part der Bucht kurzzeitig einen Stopperknoten. Verdrille die Kardeele wieder und lege die andere Part der Bucht in Richtung des Schlages um die Leine.

▲ **3.** Lege mit der losen Part bis zum Schluss Rundtörns in Schlagrichtung um die Leine. Achte darauf, dass die Bucht und das Ende mit dem Stopperknoten nicht eingewickelt werden. Die Länge des Taklings sollte 1 ½ d der betakelten Leine sein.

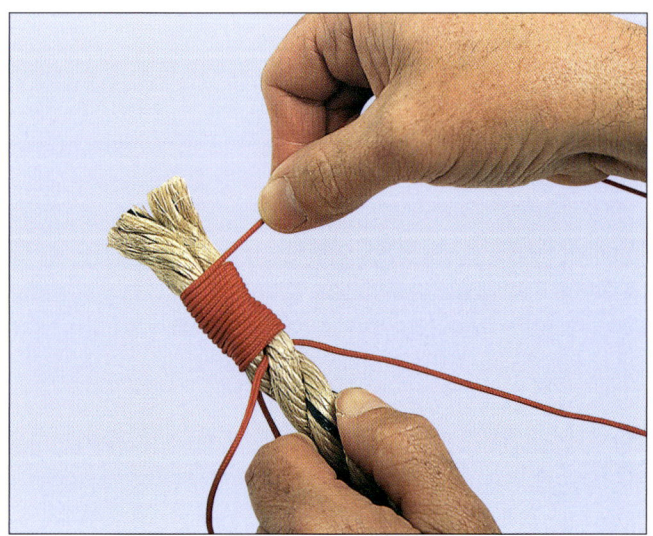

▲ **4.** Wickle weiter Rundtörns um die Leine, bis nur noch 1 d offen ist.

▲ **5.** Bringe die Bucht im Garn vom Anfang des Taklings geöffnet um das Kardeel, um das es gelegt worden war.

▲ **6.** Ziehe an dem Ende mit dem Stopperknoten, bis sich die Bucht fest um das Kardeel legt und tief in die Rille zwischen den Kardeelen einzieht.

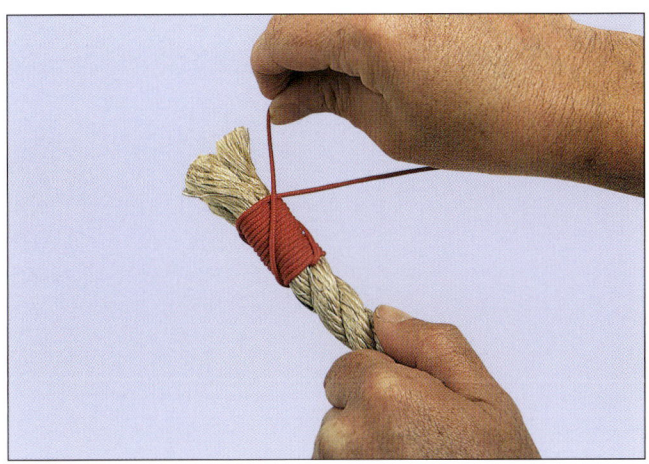

▲ **7.** Lege die Part mit dem Stopperknoten in die freie Rille zwischen den Kardeelen und ziehe sie bis in die Mitte der drei Kardeele.

▲ **8.** Nimm die lose Part des Takelgarns und ziehe sie ebenfalls bis in die Mitte. Verknote das Ende mit dem Stopperknoten und die lose Part des Garns mit einem Kreuzknoten (S. 131), sodass der Kreuzknoten sauber zwischen den Kardeelen liegt. Ziehe ihn fest zu.

Übliche Anwendungsgebiete

- Freiluftsport
- Allgemeiner Gebrauch

Tipps

Hier ist gewachstes Garn besonders geeignet, sonst lässt sich das Garn nur schwer durchziehen. Bei einem Takling um Kunstfaserleinen kannst du die Knotenenden mit einem Feuerzeug verschmelzen.

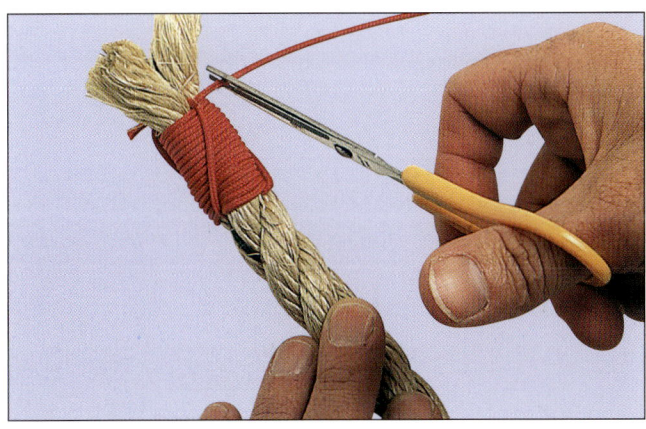

▲ **9.** Beschneide die Enden des Takelgarns dicht am Takling so, dass sie nicht mehr zu sehen sind.

Genähter Takling

Der Genähte Takling ist wohl der sicherste Takling, den es gibt. Er verbindet die Stärken des Einfachen mit denen des Segelmacher-Taklings und hat zusätzlich den Vorteil, dass er festgenäht wird und nicht nur durch das feste Wickeln hält. Er sieht elegant aus und kann sowohl um geflochtenes wie auch um geschlagenes Tauwerk gemacht werden. Für die Art Leinen, die am häufigsten von der Freiluftsportlern benutzt werden, ist er sicherlich der beste und sicherste.

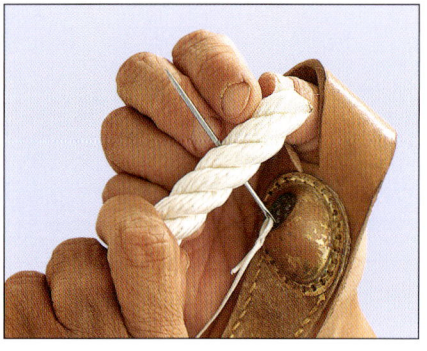

1. Fädle ein Garn von einem Meter Länge in eine Segelnadel Nr. 14; es sollte so dick sein wie ein Garn der Leine. Drücke die Nadel durch die Mitte der Leine etwa 2 d von deren Ende.

2. Lege das doppelte Takelgarn mit der Nadel am Ende fest um die Leine; bekneife dabei die kurzen Enden. Achte darauf, dass das Garn sich dabei nicht verdreht.

3. Schlage Rundtörns um die Leine bis zu einer Länge von 1 1/2 d. Höre dann an einer Keep zwischen den Kardeelen auf und stich die Nadel dort so hinein, dass sie in einer Keep wieder herauskommt.

4. Von der Austrittsstelle folge der Keep mit dem Garn und stich die Nadel am Ende des Taklings wieder in die Keep zur Keep auf der anderen Seite.

5. Von der zweiten Austrittsstelle folge der Keep zurück zum Ende des Taklings und der letzten freien Keep. Stich dort wieder mitten durch die Leine zum Austritt in der Mitte des gegenüberliegenden Kardeels.

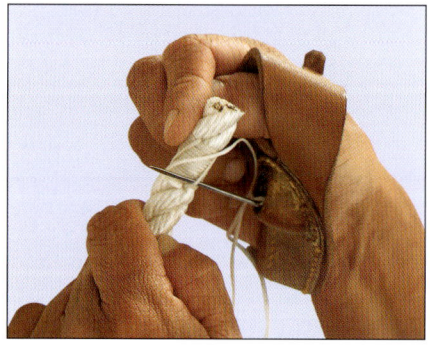

6. Stich noch einmal eine Garndicke daneben bis in die gegenüberliegende Keep.

7. Mache einen Halben Schlag (S. 84) um das Garn, das in der Keep liegt, und vernähe das Garn durch das Kardeel. Schneide es dann dicht am Kardeel ab.

Übliche Anwendungsgebiete

- Segeln
- Klettern
- Freiluftsport
- Allgemeiner Gebrauch
- Schmuck

Tipps

Ein gewachstes Garn geht leichter durch die Leine, die betakelt wird. Du kannst es auch selbst wachsen, indem du es über einen Block Bienenwachs ziehst, aber nicht zu schnell, sonst verbrennst du dir die Finger. Das Garn kann auch doppelt genommen werden, damit der Takling noch haltbarer wird.

Parallelzurring

Zurrings sind eine Möglichkeit, zwei oder mehr Leinen zu verbinden, ohne sie zu spleißen, zu verflechten oder zu knoten. Wenn genügend viele, hinreichend lange und die richtige Art Zurrings angewendet werden, ist die Haltbarkeit so hoch wie die der Leine. Weil Zurring-bändsel dicker sind als Takelgarn, ziehen sie sich in die Leine ohne einzuschneiden und machen es möglich, eine sehr starke Verbindung herzustellen. Die hier gezeigte Art ist die Flache Zurring, mit der man gut ein Auge fixieren oder auch eine lose Part an der festen Part einer Leine beibändseln kann, z. B. bei einem Rundtörn mit zwei Halben Schlägen (S. 84) oder einem Ankerstek (S. 58).

1. Binde mit einem Bändsel dort, wo die Zurring beginnen soll, einen Würgestek (S. 120) um die Leinen, die verbunden werden sollen. Beim Weiterwickeln werden die Parten fest verbunden. Die Länge der Zurring sollte etwa 2 ½ d betragen. Lass dabei ein Ende von 15 cm am anderen Ende des Würgesteks stehen.

2. Lege die lose Part des Zurringbändsels dicht am Würgestek um die Leinen und binde sie so fest aneinander. Ziehe bei jedem Rundtörn kräftig am Bändsel. Das Aneinander-quetschen ist wichtig für die Haltbarkeit, also mit aller Kraft an die Arbeit!

3. Nach einer genügenden Zahl von Rundtörns mache mit der losen Part des Bändsels einen Halben Schlag (S. 48) um die Leinen.

4. Ziehe die lose Part dann oben und unten zwischen die Leinen und ziehe sie fest. Mache zwei weitere Zurrtörns und ziehe sie jedes Mal fest.

5. Führe das andere Ende des Würgesteks an den letzten Zurrtörn und mache mit ihm einen Zurrtörn in entgegengesetzter Richtung.

6. Mit einem Kreuzknoten werden die Enden verbunden, er wird fest zwischen die beiden Leinen gezogen. Eine andere Möglichkeit sind zwei Halbe Schläge um die Zurrtörns, die dann zwischen den Leinen versteckt werden.

7. Schneide die Enden des Zurrbändsels ab.

Tipps

Es ist bei jeder Zurring wichtig, die Rund-törns so fest wie möglich anzuziehen. Wenn du keinen Marlspieker hast, um das Bändsel zu greifen, nimm einen Schrau-bendreher oder einen sauberen Nagel von 15 cm Länge.
Das Bändsel soll rundherum fest sitzen, nicht nur an einer Seite.

Übliche Anwendungsgebiete

- Segeln
- Angeln
- Freiluftsport
- Allgemeiner Gebrauch

Glossar

ABDK Das *Ashley-Buch der Knoten,* auf Deutsch erschienen bei Edition Maritim.

Abseilen Abwärtsbewegung an einer Felswand mithilfe eines oben verankerten Seils. Beim Abseilen führt eine Person eine Sicherungsleine oder man macht es mit einem Munter-Reibungsknoten (S. 77) selbst.

Affenfaust Dreidimensionaler Knoten zum Beschweren einer Wurfleine oder als Schmuck.

Ansteck-Knoten Verbindet zwei Leinen, ohne sie zu spleißen oder zu vernähen.

Aufdröseln Sich-Auflösen des Endes einer Leine, das nicht betakelt, verknotet oder verschmolzen ist.

Aufschießen Eine Leine zur Aufbewahrung aufwickeln und zusammenbinden.

Bändsel Kurzes Ende einer dünnen Leine oder Schnur, das meistens zum Zusammenbinden benutzt wird.

Beibändseln Mit einem Bändsel das Ende einer losen Part an der festen Part anbinden, um ein unbeabsichtigtes Lösen eines Knotens zu verhindern. Allgemein auch das Festbinden mit einem Bändsel.

Bekleeden Umwickeln eines Spleißes, eines Stücks Leine oder Spiere mit Bändsel oder Garn. Es dient zur Sicherung, zum Schutz oder der besseren Griffigkeit.

Belegen Eine Leine an einer Klampe oder einem Belegnagel befestigen.

Block Gerät, um die Richtung einer laufenden Leine über eine Scheibe mit einer Achse zu verändern und damit durch einen längeren Weg eine höhere Angriffskraft zu erreichen.

Bruchfestigkeit Zugkraft auf einer Leine, die zum Bruch führt. Meistens die Durchschnittskraft mehrere Versuche beim Hersteller. Aus ihr wird die Arbeitslast berechnet.

Bucht 1. Änderung der Richtung einer Leine um etwa 180 Grad, sodass das Ende parallel liegt, ohne die Leine zu kreuzen.
2. Biegung oder Hervorkrümmung einer Leine an Knoten, besonders an flachen.

Bunsch Eine zur Aufbewahrung aufgeschossene und zusammengebundene Leine.

Ellbogen Zwei Enden, die umeinander gelegt sind und zu der Seite zurückkehren, aus der sie kamen (S. 21).

Ende Generell das Ende eines Stücks Tauwerk, aber auch ein ganzes, kurzes Stück Tauwerk.

Feste Part Der Teil einer Leine, der beim Knoten nicht verwendet wird, sondern meistens an einem Gegenstand befestigt ist.

Garn Eine Vielzahl von Fäden oder Fasern, die zu einem fortlaufenden Verbund zusammengefügt werden.

Geflochtenes Tauwerk Tauwerk, das durch Verspinnen oder Verweben von Garnen entstanden ist oder aus Gruppen von Garnen (meist synthetischen) besteht, die über- und untereinander spiralförmig um einen Kern geflochten sind.

Hanamusubi Japanische Knotenkunst, mit der Geschenke dekoriert und verpackt werden.

Karabiner Ring aus Metall mit einer aufklappbaren Öffnung, der gebraucht wird, um Sicherheitsgurte, Klettergeschirr oder Gegenstände sicher einzuhängen.

Kardeel Aus Garnen zusammengesetzter Teil von geschlagenem Tauwerk.

Keep Rille zwischen den Kardeelen einer Leine.

Kern (auch: Seele) Der mittlere Strang einer (zumeist geflochtenen) Leine, der vom Mantel umschlossen ist und die Hauptlast trägt.

Kernmantel-Tauwerk   Tauwerk, das aus einer Kombination von Kern/Seele und Umhüllung/Mantel hergestellt ist. Der Mantel ist in der Regel geflochten, der Kern kann aus parallelen monofilen Fasen bestehen, geflochten oder geschlagen sein. Es ist sehr vielseitig; es eignet sich, je nach Material, sowohl für Einsätze, bei denen starke Schockbelastungen auftreten (Dehnfähigkeit), als auch für Positionen, die äußerste Reckarmut erfordern.

Kinken   Ein Knick oder eine enge Schlinge in einer Leine, die bei unsachgemäßer Behandlung entsteht und die Leine beschädigen kann.

Kreuztörn   Der Teil eines Knotens, an dem sich Rundtörns in der Leine kreuzen.

Lasching   Knotenkonstruktion zum Verbinden von Gegenständen oder Leinen durch Umwickeln und Fixieren.

Leine   Ein mitteldickes, für den Gebrauch nicht näher definiertes Stück Tauwerk aus beliebigem Material.

Lose Part   Der Teil einer Leine, mit der ein Knoten gemacht wird.

Maedup   Koreanische Knotentechnik zum Herstellen von Zierknoten, besonders an Brautkleidern, Geschenken und Lesezeichen.

Mantel   Äußere Hülle einer geflochtenen Leine, die den Kern umhüllt und schützt.

Marlspieker   Dorn aus Holz oder Metall, mit dem beim Spleißen Kardeele angehoben oder in dessen Aushöhlung (nur bei Metall) Kardeele durchgesteckt werden.

Monofil   »Einfädig«, ein Faden oder eine Schnur, die aus einem gleichmäßigen, nicht verdrillten Strang, meist aus Kunststoff, besteht.

Multifil   »Vielfädig«, eine Schnur, ein Faden oder ein Kardeel aus mehreren Fasern oder Fäden.

Ordnen   Das saubere Legen und Festziehen der einzelnen Teile eines Knotens, damit er die gewünschte Form erhält.

Platting   Flache, runde oder eckige Struktur aufeinander folgender Knoten als Verzierung oder zur Erhöhung der Griffigkeit.

Poller   Pfosten aus Holz oder Metall, an dem ein Wasserfahrzeug befestigt wird.

Pressung   Bei Drahttauwerk eine Methode, ein Ende zu sichern oder ein Auge zu formen. Dazu wird eine Metallhülse maschinell oder mit einer Spezialzange auf des Ende des Taus oder des Auges gepresst.

Quipu   Eine Zusammenstellung von Schnüren und Knoten, mit der die Inkas Informationen festgehalten und weitergegeben haben.

Rigg   Alle Masten, Spieren und das gesamte Tauwerk, mit dem die Segel eines Schiffes gehalten und eingestellt werden.

Rundtörn   Wicklung um eine Leine oder einen Gegenstand.

Schäkel   Unterschiedlich verschließbarer Bügel aus Metall, der als Verbindungselement dient.

Schlagrichtung   Die Richtung, in der die Kardeele in geschlagenem Tauwerk miteinander verdrillt sind. Verläuft ein Kardeel bei einer senkrecht gehaltenen Leine von links unten nach rechts oben, spricht man von rechts geschlagenem Tauwerk.

Schnur   Begriff für dünne (unter 3 mm), vielseitig verwendbare Leinen.

Schot   Leine zum Einstellen des Segels in Relation zum Wind.

Segelnadel   Dreikantige, kräftige Nähnadel zum Nähen von Segeltuch.

Slip   Auf Slip setzen heißt eine Leine so zu knoten, das sie sich durch das Ziehen an einer Part löst. Z. B. ist eine Schuhschleife ein Kreuzknoten auf Slip gesetzt.

Spleiß   Das Verweben der Kardeele bei geschlagenem Tauwerk oder der Teile von geflochtenem Tauwerk, um zwei Leinen zu verbinden.

S-Schlag Schlagrichtung, die wie der Buchstabe »S« verläuft, also links geschlagen. Siehe auch Z-Schlag.

Stag Leine, mit der ein Mast nach vorn und achtern gehalten wird.

Stopper Knoten, der ein Ende vorm Aufdröseln schützt oder es daran hindert, durch eine Öse zu rutschen.

Stropp Ein kurzes Ende, das zu einer Schlinge geschlossen wird, häufig aus reckbarem Material (Gummi) hergestellt.

Takling Mit Garn eng gelegte Törns um das Ende einer Leine, um diese vor dem Aufdröseln zu schützen.

Tau Allgemeiner Ausdruck für eine dickere Leine.

Törn Eine Windung, mit der eine Leine um einen Gegenstand oder eine andere Leine gelegt wird.

Trosse Kombination mehrerer miteinander verdrillter Leinen, die meistens aus drei rechts geschlagenen Leinen hergestellt ist.

Verdrillen Eine Reihe von Garnen oder Fasern um die eigene Achse so miteinander verdrehen, dass die ein Kardeel oder eine Leine bilden.

Verschmelzen Mit einer Flamme oder mit heißem Metall das Ende einer Kunststoffleine so bearbeiten, dass es nicht aufdröselt.

Vorfach Beim Angeln die dünne Schnur, an der der Haken oder der Köder befestigt ist.

Want Leine, mit der ein Mast seitlich gehalten wird.

Zeising Kurze Leine (oft Gurtband) zu Aufbinden eines Segels.

Z-Schlag Schlagrichtung, die wie der Buchstabe »Z« verläuft, also rechts geschlagen. Siehe auch S-Schlag.

Zurring Serie von strammen Rundtörns, mit der zwei Objekte verbunden werden.

Zurrtörns Teile einer Lasching oder Zurring, die rechtwinklig zu den ersten Rundtörns gelegt werden, um die Verbindung fest zusammenzuziehen.

Register

Weitere Bücher zum Thema

Knoten ...

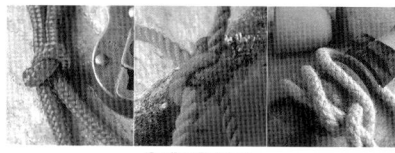

GEOFFREY BUDWORTH
Knoten
Das große Praxis-Handbuch

Das moderne Standardwerk mit 200 Knoten für jede Lebenslage in Sport und Alltag.

256 Seiten, 1345 Farbfotos, Format 23,5 x 30,5 cm, gebunden
ISBN 3-7688-1221-9

GEOFFREY BUDWORTH
Knoten für die Praxis
Eine systematische Anleitung

Präzise, reich illustrierte Anleitungen für die gängigsten Gebrauchsknoten.

160 Seiten, 110 Farbfotos, 350 farbige Zeichnungen, Format 23,5 x 29 cm, gebunden
ISBN 3-7688-1348-7

COLIN JARMAN
Knoten für Segler, Angler, Bergsteiger und Camper

128 Seiten, 465 Farbfotos, Format 19 x 24,5 cm, Einband mit verdeckter Spiralbindung
ISBN 3-7688-1416-5

... unentbehrlich auf See!

Abbildungsnachweis

Erklärung der Abkürzungen

Position der Bilder: **o** = oben, **l** = links, **r** = rechts, **u** = unten, **m** = Mitte

Agenturen und Fotografen: **BPM** = Ben Philpott-Matson; **GH** = Garth Hattingh; **GS** = Geoff Spiby/iAfrika Photos; **MEPL** = Mary Evans Picture Library; **NC** = Neil Corder; **SP** = Sporting Pictures.

2–3		GH	18		SP
4–5		GS	19		BPM
6		BPM	22	ol, um	BPM
8	ol, um	BPM	25		BPM
13		NC	33		BPM
14–15		BPM	43		BPM
17	o	MEPL	64		BPM
	u	BPM	96		BPM